Verwaltungsfachwirt Prüfungsvorbereitung

Fachwissen, Lernvideos und Tests inkl. Lösungen

Lucas Weigerstorfer

8. Mai 2023

Herausgeber

Plakos GmbH
Vertretungsberechtigter Geschäftsführer: Waldemar Erdmann
Sitz: Willy-Brandt-Allee 31 B, 23554 Lübeck

Website und Kontakt

www.plakos-akademie.de
E-Mail: support@plakos.de

Facebook: plakosDE
YouTube: Plakos Akademie
Instagram: plakos_akademie
TikTok: einstellungstest_tipps

Bild- und Druckhinweise:

Cover: Adobe Stock: 94216768
Sonstige Abbildungen im Buch wurden von Plakos erstellt.

Dieses Buch wurde auf Recyclingpapier sowie klimaneutral gedruckt.

ISBN: 978-3-985258-56-7

Danksagung

Unser Dank gilt vor allem den Bewerberinnen und Bewerbern, die mit ihren zahlreichen Zuschriften, Erfahrungsberichten und Verbesserungsvorschlägen dieses Buch erst möglich gemacht haben. Vielen Dank für eure Kommentare und Nachrichten auf YouTube und Facebook und anderen Kanälen!

Außerdem bedanken wir uns bei allen internen und externen Mitarbeitern und Mitarbeiterinnen, welche einen wesentlichen Anteil an diesem Buch hatten. Dazu gehören insbesondere Annika Miersen und Anna Krohn.

Einstellungstest erfolgreich bestehen

Die Plakos GmbH hat bereits tausende Bewerberinnen und Bewerber mit Büchern, Online-Kursen und Apps auf Einstellungstests, Prüfungen und Assessment Center vorbereitet. Die angesehenen Online-Tests von Plakos wurden millionenfach absolviert. Dieses Buch dient zur umfassenden Vorbereitung auf die Prüfung zum Verwaltungsfachwirt.

Hinweis: Im Buch findest du lediglich eine Auswahl an Testaufgaben. Zur umfassenden Vorbereitung empfehlen wir dir zusätzlich unseren thematisch passenden Online Testtrainer mit weiteren Aufgaben.

Dein Feedback ist uns wichtig!

Sollten dir Fehler in diesem Buch auffallen oder solltest du unzufrieden mit den Inhalten oder einem unserer Produkte sein, so schreibe uns gerne eine E-Mail an support@plakos.de. Wir antworten schnellstmöglich! Antworten auf häufig gestellte Fragen findest du auch auf der Webseite https://plakos-akademie.de/kundenservice/.

Hinweis: Aus Gründen der Lesefreundlichkeit haben wir weitgehend auf Gendering verzichtet. Die gewählte Personenform gilt wertfrei für alle Geschlechter. Die verkürzte Sprachform hat demnach nur redaktionelle Gründe und beinhaltet keine Wertung.

Inhaltsverzeichnis

1 Optimale Vorbereitung auf Abschlussprüfungen und Einstellungstests

Generell unterscheiden sich Prüfungen und Einstellungstests dahingehend, für welches spätere Einsatzgebiet du dich beworben hast oder welche Art der Prüfung du bestehen musst. Die Länge und die Aufgaben lassen sich nicht grundsätzlich verallgemeinern. Trotzdem gibt es oft gewisse Ähnlichkeiten im Aufbau und Ablauf.

Vergleich Einstellungstest vs. Abschlussprüfung: Um Prüfungen oder Einstellungstests erfolgreich zu bestehen, solltest du einige Dinge beachten. Wichtig ist beispielsweise auch das persönliche Auftreten. Es handelt sich beim Einstellungstest, im Gegensatz zu einer Abschlussprüfung, nicht um einen reinen Wissenstest. Um einen guten Eindruck zu hinterlassen, empfiehlt sich daher ein gepflegtes Äußeres. Zudem solltest du dich bei der Vorstellung freundlich und höflich zeigen.

Darüber hinaus unterscheidet sich ein Eignungstest von einer Abschlussprüfung auch in Hinblick auf das Zeitmanagement. Eine Prüfung ist zeitlich darauf ausgelegt, dass alle Fragen beantwortet werden können. Bei einem Eignungstest ist dies nicht notwendigerweise der Fall. Oft ist die Zeit absichtlich zu knapp bemessen. Auf diese Weise sollen das Zeitmanagement und die Stressresistenz überprüft werden. Nicht ohne Grund beobachten in der Regel gleich mehrere Verantwortliche des Unternehmens oder der Behörde den Test bzw. die Prüfung.

1.1 Optimale Vorbereitung auf die Prüfung

Wie bei einer Schulprüfung kannst du dich durchaus auch auf diese Prüfung vorbereiten. Zunächst einmal hilft dir ein allgemeines, fachbezogenes Verständnis weiter. Je nach Einsatzgebiet kommt zudem ein tiefgreifender, spezieller Prüfungsbereich dazu.

Neben den Aufgaben aus der eigentlichen Prüfung sind die sogenannten Soft Skills, wie Kommunikation, Auftreten und die Körpersprache, ebenfalls nicht zu vernachlässigen. Diese spielen bei der Eignung für einen Beruf eine zunehmend wichtige Rolle. All diese Themen lassen sich üben und erlernen. In diesem Buch findest du zahlreiche Übungen, mit denen du dich ganz konkret auf diese spezielle Prüfung vorbereiten kannst. Wichtig ist hierbei, dass du alle relevanten Themen und Aufgaben sorgfältig durcharbeitest. Für eine verbesserte kritische Selbstreflexion der Ergebnisse haben wir Lösungsansätze für die Aufgaben beigefügt.

2 Online-Bewerber-Training

Da du bereits dieses Buch erworben hast, möchten wir dir an dieser Stelle einen **Gutschein für unsere Online-Programme in Höhe von 15 Euro** schenken. Die folgende Kurzanleitung beschreibt dir, wie du den Gutschein einlösen kannst:

1. Öffne den Browser auf deinem Smartphone, Tablet oder deinem Desktopcomputer.
2. Scanne den QR-Code oder gib die nachfolgende URL in die Adresszeile ein:

plakos-akademie.de/produkt/app-testtrainer-vollversion-15/

3. Mit dem Produkt „Testtrainer App" hast du Zugriff auf fünf unserer Kurse: Testtrainer, Allgemeinwissen, Konzentration, Logik und Sprache.
4. Gib den **Gutscheincode buchrabatt15** am Ende des Bestellprozesses ein. Bitte beachte, dass mit dem Gutscheincode in der Testtrainer App nicht alle Plakos-Akademie-Kurse freigeschaltet sind.

Bei Fragen kannst du gerne eine E-Mail an support@plakos.de senden. Antworten auf häufig gestellte Fragen findest du auf der Webseite
plakos-akademie.de/kundenservice/. Eine Übersicht zu allen Lern-Apps von Plakos findest du unter plakos-akademie.de/kundenservice-apps/.

Bestehe deine Prüfung mit der Plakos-Testtrainer-App!

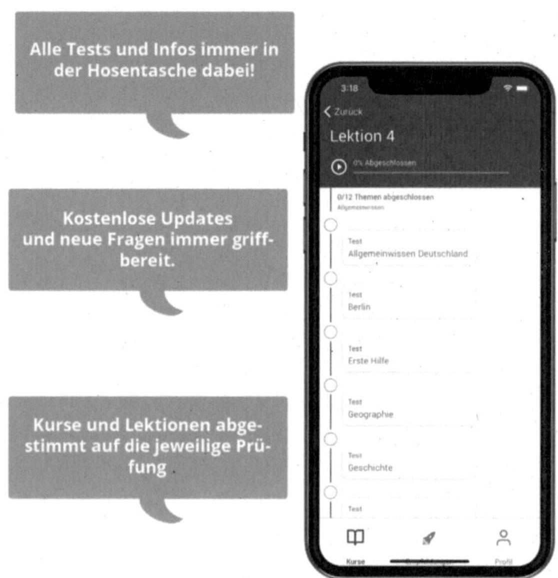

Zahlreiche interaktive Aufgaben, Übungen und Lösungen

Im Google Play-Store und AppStore von Apple erhältlich

Einfache Navigation zwischen allen Lektionen, Themen und Tests

Bestehe deine Prüfung mit der Plakos-Einstellungstest-App! Mit der Plakos-App hebst du deine Vorbereitung auf ein neues Level! du profitierst von Lösungswegen und ausführlichen Erklärungen zu jeder Aufgabe. Am Ende bekommst du eine Auswertung deiner Ergebnisse. Sichere dir jetzt deinen Vorteil gegenüber Anderen! Wähle den gewünschten Bereich aus und melde dich mit deinen Zugangsdaten aus dem Mitgliederbereich der Plakos Akademie an. Es werden dir dann die passenden Übungen für die Prüfung angezeigt.

Plakos-Online-Testtrainer – die optimale Vorbereitung für dich!

Strukturierter Ablauf, Lösungswege und Kernfortschrittsanzeigen

Kurse und Lektionen abgestimmt auf den jeweiligen Beruf

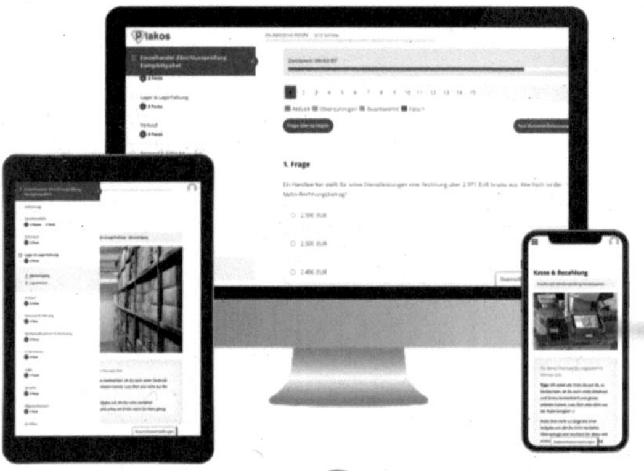

Lern- und Erklärvideos sowie Experten-Tipps

Lebenslanger Zugriff auf zahlreiche interaktive Aufgaben, Übungen und Lösungen

Online vom PC, Smartphone oder Tablet zugreifen

Videokurse, Erfahrungsberichte, Podcasts inklusive

Tausende Prüflinge üben jährlich ganz konkret mit den Plakos-Online-Testtrainings. Sie gehen anschließend mit mehr Selbstbewusstsein und Wissen in ihre Prüfung. Die Online-Testtrainer gibt es in verschiedenen Preiskategorien für zahlreiche Schul- sowie Studienbereiche und Berufe, wie zum Beispiel im öffentlichen Dienst, im Bereich Gesundheit, Pflege und Soziales oder für technische und kaufmännische Berufe.

3 Über den Autor

Lucas Weigerstorfer ist Diplom-Verwaltungswirt (FH) und hat selbst ein duales Studium in der öffentlichen Verwaltung in Bayern absolviert. Um für dieses Studium in Frage zu kommen, musste er am LPA-Test sowie dem sich anschließenden Auswahlverfahren teilnehmen.

Als Lucas die Website www.beamtentest-vorbereitung.de ins Leben rief, war es sein Ziel, ausführliche Informationen zu den einzelnen Ausbildungs- und Studienberufen im öffentlichen Dienst zu liefern. Gemeinsam mit Plakos bedient Lucas außerdem einen YouTube-Kanal mit tausenden von Aufrufen jeden Monat. Die Komplettpakete von Plakos sind digitale Kurse, die eine umfassende Vorbereitung auf den Einstellungstest im öffentlichen Dienst ermöglichen. In diesem Buch findest du neben unzähligen Aufgaben wertvolles Zusatzwissen, das dir dabei hilft, das für dich bestmögliche Ergebnis zu erzielen und die Prüfung zum Verwaltungsfachwirt mit Erfolg zu meistern.

4 Prüfungsvorbereitung für Verwaltungsfachwirte - Einführung

Willkommen in deinem Prüfungstrainer für deine Abschlussprüfung zum Verwaltungsfachwirt! In diesem Buch gehen wir auf prüfungsrelevante Themen ein und bereiten dich optimal auf deine Prüfung vor. Mithilfe der Tests und Lektionen kannst du dein vorhandenes Wissen vertiefen und in zahlreichen Übungen anwenden.

Für deine schriftliche Abschlussprüfung sind einige Lehrinhalte besonders relevant. In den Lektionen haben wir für dich die relevantesten Inhalte aufbereitet. Unser Prüfungstrainer setzt sich aus den folgenden Bereichen zusammen:

- Kommunikation und Kooperation
- Politik und Verwaltung
- Rechtliche Kompetenz
- Wirtschaftliche Grundlagen
- Verwaltungsmanagement
- Volkswirtschaftslehre
- Personalmanagement
- Verwaltungsorganisation und eGovernment

4.1 Einführungsvideo Prüfungsvorbereitung Verwaltungsfachwirte

Scanne den QR Code, um zum Video zu gelangen:

5 Methodenkompetenz

Scanne den QR Code, um zum Video zu gelangen:

5.1 Die Moderationsmethode

Da es in einem Gespräch zwischen drei oder mehr Personen häufig dazu kommt, dass der rote Faden verloren geht und der Überblick fehlt, gibt es die Moderationsmethode. Diese Methode trägt dazu bei, dass alle Gesprächsteilnehmer ausgewogen zu Wort kommen und das Ziel des Gesprächs fokussiert wird. Die Ergebnisse können z. B. mithilfe eines Plakates visualisiert werden. Ohne Moderationsmethode läuft eine Diskussion Gefahr, sich in kleinen Details zu verrennen, ohne das die Teilnehmenden das eigentliche Thema im Blick haben.

Eine Moderation ist in mehrere Phasen untergliedert:

Begrüßung

Der Moderator erklärt seine Rolle in der Diskussion und zeigt auf, welches Ziel die Diskussion verfolgt. In der Begrüßungsphase ist es Aufgabe des Moderators, die Diskussionsteilnehmer vorzustellen. Hierbei kann er sich verschiedener Mittel bedienen, wie dem Partnergespräch, der Vorstellungsrunde oder einer Selbstvorstellung jedes Teilnehmers. Ziel der Begrüßungsphase ist es, die Teilnehmer auf die gemeinsame Arbeit vorzubereiten.

Herstellung eines gemeinsamen Problembewusstseins

Diese Phase der Diskussion kennt verschiedene Bezeichnungen: Problemorientierung herstellen, Themenorientierung ermöglichen und viele weitere. Es geht nach der Begrüßung nun darum, dass sich die Gruppe der Bedeutung des Themas bewusst wird und unterschiedliche Themenschwerpunkte sichtbar werden. Von den Gruppenmitgliedern werden Aspekte des Themas vorgestellt - dabei sollen sich alle beteiligen. Eine inhaltliche Diskussion findet noch nicht statt.

Beispiel:

Zu Beginn einer Diskussion stellt der Moderator das Thema vor: Einführung eines Rauchverbotes während der Arbeitszeit für die Beschäftigten eines Landratsamts. Zu diesem Thema hat jeder Teilnehmer seine eigene Meinung. Nun weist der Moderator darauf hin, dass zunächst ein gemeinsames Problembewustein geschaffen werden soll, ehe eine sachliche Diskussion beginnt:

- Teilnehmerin A erklärt, dass sie mit Blick auf die Gesundheit der Mitarbeiter ein Rauchverbot nur bejahen kann.
- Teilnehmer B macht klar, dass es ein Rauchverbot mit ihm nicht geben wird; schließlich würden auch Nichtraucher durch Kaffeepausen Arbeitszeit "verschwenden".
- Teilnehmerin C glaubt, dass sich ein Rauchverbot negativ auf das Betriebsklima auswirkt.

Nun werden verschiedene Ansätze dieses Themas deutlich: Mitarbeitergesundheit, Auswirkungen auf die Arbeitszeit sowie das Betriebsklima. Die Phase "Herstellung eines gemeinsamen Problembewusstseins" dient dazu, diese Ansätze deutlich zu machen.

Problembearbeitung

Nun findet die eigentliche Diskussion statt. Je nach Größe der Gruppe kann der Moderator die Bildung von Kleingruppen bevorzugen: bei Gruppen bis maximal fünf Teilnehmern kommen auch schüchterne Personen zu Wort und das Risiko, dass sich Führungsstrukturen etablieren, ist gering. Als zeitlicher Horizont sind maximal 60 Minuten angesetzt. Die Ergebnisse werden auf einem Plakat visualisiert. Dadurch wird nachvollziehbar, wie die Ergebnisse zustande gekommen sind. Dies kann auch durch ein Diskussionsprotokoll geschehen.

Ergebnisorientierung

Nachdem die Probleme durch die Gruppe oder ggf. mehrere Kleingruppen erörtert wurden, ist es Aufgabe des Moderators, ein Resultat der Diskussion zu erzielen. Je nach Thema kann dies sein:

- Aufstellung der Probleme (sog. Problemkatalog)
- Arbeitsaufträge für bestimmte Personen
- Verständigung auf ein gemeinsames weiteres Vorgehen

Abschluss

Der Moderator erklärt das Ergebnis des Zusammenkommens (Darstellung eines Problemkatalogs oder Wiederholung eines sonstigen Ergebnisses) und macht das Ende der Diskussion deutlich, z. B. mit einer reflektierten Frage "Wie haben Sie den Verlauf der Diskussion erlebt?" oder "Wie fühlen Sie nach nach unserer Runde?"

Protokoll

Durch die Visualisierung der Arbeitsergebnisse mit Plakaten entsteht im Verlauf der Diskussion ein Protokoll, das anschließend abgeschrieben oder fotografiert wird. Gegebenenfalls einigt sich die Gruppe auf eine begrenzte Auswahl an Plakaten, welche das Protokoll darstellen.

5.2 Lern- und Selbstlernkompetenz

Das Verwaltungshandeln wird sich in Zukunft ändern. Schon immer haben Gesetzesänderungen dafür gesorgt, dass sich ein Verfahren verändert und beispielsweise Behörden neue Aufgaben bzw. Zuständigkeiten erhalten. Hinzu kommt die voranschreitende Digitalisierung in der Verwaltung, welche künftig für weitere Anpassungen sorgen wird.

Die voranschreitende Digitalisierung und neue Gesetze sorgen dafür, dass die Mitarbeiter in Behörden ihr Wissen erweitern müssen, wobei Lernkompetenz wichtig ist.

Unter Lernkompetenz in Bezug auf das Berufsleben verstehen wir, dass ein Mitarbeiter sein Wissen (z. B. aus seiner Ausbildung, Fort- oder Weiterbildungen, Studium) während des Berufslebens erhält, von sich heraus weiterentwickelt oder in bestimmten Gebieten neu aufbaut. Grundlage dafür ist, dass ein Mitarbeiter sein bislang erworbenes Wissen überdenkt und sich bewusst wird (z. B. aufgrund neuer beruflicher Herausforderungen), dass er sich neues Wissen aufbauen muss. Hierbei spielt die Fähigkeit zur Selbsteinschätzung eine wichtige Rolle: Ich muss erkennen, wann ich mich für ein neues Thema weiterbilden muss, also wann meine bisherige Kompetenz und Erfahrung nicht mehr ausreicht.

In der Schule und der Ausbildung tragen offene Unterrichtsformen, wie Projekt- oder Freiarbeit, zur Förderung von Lernkompetenz bei. In diesen Situationen steuern die Schüler bzw. Auszubildenden ihr Lernen selbständig.

Für Lernkompetenz im Berufsleben ist es entscheidend, dass ein Mitarbeiter selbständig arbeiten kann sowie mit anderen Lernenden kooperiert und kommuniziert.

Selbstlernkompetenz (= eigenständiges Lernen)

Mit Blick auf berufliche Weiterbildung ist Selbstlernkompetenz sehr wichtig, denn jeder Teilnehmer einer Fortbildungsveranstaltung übernimmt selbst die Verantwortung für den eigenen Lernprozess. Bei der Entscheidung, welche Mitarbeiter eine Fortbildung besuchen dürfen (um sich ggf. für höherwertige Aufgaben zu qualifizieren), lassen Vorgesetzte die Frage nach der Selbstlernkompetenz mit in ihre Entscheidung einfließen. Nur wer selbständig lernen kann, bietet Gewähr dafür, dass der anstehende Fortbildungskurs mit Erfolg bewältigt wird. Bei der Planung und Durchführung einer Weiterbildung ist Lernkompetenz an mehreren Stellen wichtig:

- Planung des Lernens: festgelegte Lernzeiten, ein angemessenes Lerntempo, passende Medien
- Lernprozess: die Lerninhalte müssen mit dem Lernziel übereinstimmen
- Lernergebnis: das von den Mitarbeitern erreichte Level stimmt mit dem gewünschten Lernergebnis überein
- Lernen in den Alltag integrieren: Lernphasen neben weiteren außerberuflichen Verpflichtungen (z. B. Familie, Verein, etc.)

Führungskräfte können die Selbstlernkompetenz ihrer Mitarbeiter fördern, indem für die Fortbildung ein Lernplan bereitgestellt oder der Umgang mit digitalen Lernmedien erläutert wird (z. B. Einführung in ein Online-Lernprogramm). Wenn ein Mitarbeiter sein richtiges Lerntempo findet, mit den Lernmedien umgehen kann und sich feste Lernzeiten einplant, ist der Erfolg der Weiterbildung sozusagen garantiert.

5.3 Grundlagen des wissenschaftlichen Arbeitens

Wissenschaftliches Arbeiten bedeutet, sich objektiv und sachlich mit einer Thematik auseinanderzusetzen. Falls du Informationen aus einem Buch, einer Zeitschrift oder einem Artikel heranziehst, sind die entsprechenden Textstellen korrekt zu zitieren und als Quelle anzugeben. Im Hochschulbereich haben sich Studierende bei der Anfertigung von Arbeiten an diesen Grundsätzen zu orientieren.

Wissenschaftliches Arbeiten spielt allerdings nicht nur für Studierende eine Rolle. Jedes Mal, wenn du dich kritisch und differenziert mit einer Fragestellung auseinandersetzt, ohne deine eigene Meinung in den Vordergrund zu rücken, wendest du Prinzipien des wissenschaftlichen Arbeitens an. So auch bei der Verfassung einer Stellungnahme, welche du als Sachgebietsleiter über einen bestimmten Fall vorlegen musst. Auch beim Anfertigen eines Bescheides werden nach der Darstellung der tatsächlichen Gründe die rechtlichen Gründe in wissenschaftlicher Arbeitsweise dargestellt.

Hierzu kommt es regelmäßig, wenn die Behördenleitung bei einem relevanten Fall die fachkundige Einschätzung eines Sachgebiets anfordert. Zwar arbeiten daran mehrere Mitarbeiter, jedoch ist der Sachgebietsleiter als Vorgesetzter maßgeblich für den Inhalt verantwortlich.

Wissenschaftliches Arbeiten erfolgt dabei in mehreren Phasen:

Bestimmung des Themas bzw. der Problematik: Zunächst muss ein Sachverhalt bzw. Fall vorliegen und der Arbeitsauftrag klar sein; wichtig ist eine klare Bezeichnung für das Thema und die Formulierung für das Ziel, welche der Bericht verfolgt.

Aufstellung der Gliederung: Aufstellung, welche Aspekte der Thematik behandelt werden sollen. Arbeiten an Hochschulen werden in Kapitel, Unterkapitel und Unterpunkten gegliedert. Es ist darauf zu achten, dass die Gliederung logisch und nicht wahllos erfolgt. Überlege also gut, wie du den Leser durch deine Arbeit führen möchtest, sodass dieser deinen Gedanken stets folgen kann. Wenn die von dir angesprochenen Aspekte aufeinander aufbauen, kann der Leser deinem Text einfacher folgen, als wenn du diese wahllos aneinanderreihst.

Aufbereitung von Quellen: Falls du für deinen Bescheid Informationen aus Kommentaren oder der Rechtsprechung verwendest, sind diese als Quellen stets kenntlich zu machen. Für den Leser muss erkennbar sein, woraus das vorliegende Wissen gewonnen wurde. Dabei sind möglichst aktuelle Quellen den älteren Quellen vorzuziehen. Um deinen Ausführungen mehr Gewicht zu geben, können auch mehrere Quellen zitiert werden, wenn etwa dieser Sachverhalt schon mehrmals Gegenstand von Gerichtsentscheidungen war.

Sachlichkeit und Objektivität: Eine Aussage muss unabhängig vom Beobachter sachlich erläutert und logisch hergeleitet werden, um den wissenschaftlichen Standards zu genügen. Eines der Ziele bei der Erstellung deiner rechtlichen Gründe bei einem Bescheid ist es, den Leser von guter, wissenschaftlicher Qualität zu überzeugen.

5.4 Test: Methodenkompetenz

WAS IST ZU TUN?

Im Folgenden werden dir Fragen zur Methodenkompetenz gestellt. Zu jeder Frage werden vier Antwortmöglichkeiten angegeben. Wähle die richtige Antwort bzw. die richtigen Antworten aus (es können also auch mehrere Antworten richtig sein)!

1. Welche der folgenden Aspekte umfasst Selbstlernkompetenz?

   ☐ a) Erstellung eines Lernplans

   ☐ b) Integrieren von Lernphasen in den Alltag

   ☐ c) Das eigene Wissen anderen Leuten weitergeben

   ☐ d) Passendes Lerntempo und geeignete Medien

2. Wie fördern Führungskräfte die Selbstlernkompetenz ihrer Mitarbeiter?

   ☐ a) Bereitstellung eines Lernplans

   ☐ b) Erklärung der Medien (z. B. Einführung in das Online-Portal)

   ☐ c) Betreuung der Lernphase durch tägliche Gespräche

   ☐ d) Planung der Lernphasen für den Mitarbeiter

3. Welche Aspekte beschreiben wissenschaftliches Arbeiten?

   ☐ a) Objektive Darstellung eines Sachverhalts

   ☐ b) Darstellung der eigenen Meinung

   ☐ c) Heranziehung von Daten aus Kommentaren und Rechtsprechung

   ☐ d) Verwendung ausschließlich eigener Gedanken

4. Welche Aussage unter Bezug auf wissenschaftliches Arbeiten ist zutreffend?

   ☐ a) Das Ziel des Berichts/der Stellungnahme muss vorab feststehen.

   ☐ b) Die Aufstellung der Gliederung erfolgt erst, nachdem der Text verfasst wurde.

   ☐ c) Quellen sind als solche kenntlich zu machen.

   ☐ d) Die Aussagen in der Arbeit sind – je nach Beobachter – unterschiedlich zu verstehen.

5. Welche der Folgenden ist keine Phase des wissenschaftlichen Arbeitens?

   ☐ a) Bestimmung des Themas bzw. der Problematik

   ☐ b) Abschließende Darstellung der eigenen Meinung

   ☐ c) Aufbereitung von Quellen

   ☐ d) Sachlichkeit und Objektivität

6. Was geschieht in der Phase "Problembearbeitung" in der Moderationsmethode?

   ☐ a) Auseinandersetzung mit dem Thema in Kleingruppen

   ☐ b) Moderator stellt Endergebnis vor

   ☐ c) Eine Gruppe verständigt sich auf das Protokoll

   ☐ d) Visualisierung der Ergebnisse auf einem Plakat

7. Welche der folgenden Handlungen passen in die Begrüßungsphase der Moderation?

   ☐ a) Jeder Diskussionsteilnehmer äußert seine Meinung zum Thema.

   ☐ b) Der Moderator erklärt seine Rolle in der Diskussion.

   ☐ c) Der Moderator lässt die Gesprächsteilnehmer Kleingruppen bilden.

   ☐ d) Der Moderator zeigt die Ziele der Diskussion auf.

8. Welche der folgenden Handlungen passen in die Phase "Herstellung eines gemeinsamen Problembewusstseins" bei der Moderationsmethode?

   ☐ a) Diskussionsteilnehmer stellen ihre Ansichten zum Thema vor.

   ☐ b) Inhaltliche Auseinandersetzung mit dem Thema

   ☐ c) Der Moderator stellt das Endergebnis vor.

   ☐ d) Das Protokoll der Diskussion wird vorgelesen.

9. Welche der folgenden Aussagen ist korrekt?

   ☐ a) Bei größeren Gruppen eignet sich die Bildung mehrere Kleingruppen, um sicherzustellen, dass möglichst alle Teilnehmer zu Wort kommen.

   ☐ b) Bei größeren Gruppen sollten keine Kleingruppen gebildet werden, da diese verschiedene Lösungsansätze erarbeiten, welche sich widersprechen könnten.

   ☐ c) Bei der Bildung von Kleingruppen sollten alle maximal 60 Minuten diskutieren, da sich deren Lösungsvorschläge anschließend noch an Vorschläge anderer Gruppen anpassen lassen müssen.

   ☐ d) Je länger den Kleingruppen zur Erarbeitung von Lösungsvorschlägen Zeit gelassen wird, desto besser ist es für das Ergebnis.

10. Was versteht man unter Lernkompetenz?

   ☐ a) Der Mitarbeiter baut vorhandenes Wissen aus.

   ☐ b) Der Mitarbeiter eignet sich neue Fähigkeiten an.

   ☐ c) Der Mitarbeiter erkennt, wann er auf zusätzliches Wissen angewiesen ist.

   ☐ d) Der Mitarbeiter erhält sich Wissen aus der Ausbildung.

5.5 Lösungen: Methodenkompetenz

Aufgabe	Lösung	Aufgabe	Lösung	Aufgabe	Lösung
1.	a), b), d)	2.	a), b)	3.	a), c)
4.	a), c)	5.	b)	6.	a), d)
7.	b), d)	8.	a)	9.	a), c)
10.	a), b), c), d)				

Lösungen der Auswahl-Fragen.

6 Kommunikation und Kooperation

6.1 Verhandlungsführung und bürgerorientiertes Verhalten

In zahlreichen Bereichen der öffentlichen Verwaltung arbeiten Beschäftigte in direktem Kontakt zu Bürgern. Ob Bauantragsteller, Sozialhilfeempfänger oder in der Führerscheinstelle: In vielen Fällen kann das Anliegen der Bürger nicht antragsgemäß bewilligt werden. Die Interessen der Bürger und der Auftrag der Verwaltung, das geltende Recht um- und durchzusetzen, sind hier nicht vereinbar. Gerade in den Sachgebieten, in welchen direkter Kontakt zum Antragsteller (meist durch persönliches Erscheinen) herrscht, müssen Sachbearbeiter neben den rechtlichen Kenntnissen auch die Fähigkeit besitzen, um die behördliche Entscheidung angemessen zu kommunizieren.

Verhandlungen finden in Behörden insbesondere in finanziell gewichtigen Angelegenheiten statt: Subventionen, öffentliche Ausschreibungen im Verhandlungsverfahren sowie behördliche Auflagen in den Bereichen Denkmal- sowie Immissionsschutz zählen dazu. Nicht selten ziehen Antragsteller in diesen Verfahren einen Rechtsbeistand hinzu.

Verhandlungsplanung und -führung für Verwaltungen

Die Vorbereitung für die Verhandlung muss rechtzeitig geplant werden, wenn diese erfolgversprechend verlaufen soll. Wenn beispielsweise ein Termin mit einem Unternehmen stattfinden soll, welches sich im Verhandlungsverfahren einer öffentlichen Ausschreibung befindet, nimmt am Termin neben dem Sachbearbeiter auch der Sachgebietsleiter sowie ggf. der Abteilungsleiter teil. In diesem Beispiel müssen seitens der Verwaltung einige Aspekte vorab geklärt werden, ehe der Termin stattfindet. Hierzu zählt z. B. die Klärung rechtlicher Fragestellungen. Wenn mehrere Behördenvertreter am Termin teilnehmen, sollen diese Wochen zuvor absprechen, wer welchen Aspekt mit Blick auf den Termin vorbereitet. Laufende Absprachen, z. B. eine wöchentliche Besprechung, bieten sich an.

Die Frage, ob ein Antrag bewilligt oder abgelehnt wird, ist eine rechtliche Frage. Erfüllt das Vorhaben alle Voraussetzungen einer Norm? Sind die Tatbestandsmerkmale erfüllt? Eine emotionale Verbindung zu dem Gegenstand der Verhandlung ist seitens der Verwaltung nicht förderlich. Es wird – ebenso wie die Gerichtsbarkeit – objektiv anhand des Gesetzestextes entschieden.

Bürgerorientierung in der Verwaltung

In den Ländern sind die Grundsätze der bürgerorientierten Verwaltung in der jeweiligen Allgemeinen Geschäftsordnung (AGO) geregelt. Bürgerorientierung bedeutet, dass Behörden ihre Maßnahmen an den Bedürfnissen des Bürgers ausrichten:

- Bürgern ist freundlich und mit Verständnis für ihre Belange zu begegnen.
- Bürger werden bei der Abgabe von Anträgen und Erklärungen unterstützt.
- Das Verwaltungshandeln muss unparteiisch und nachvollziehbar sein.
- Auf sachbezogene Vorstellungen der Bürger ist bei der Ermessensausübung und bei der Ausfüllung unbestimmter Rechtsbegriffe einzugehen.
- Behörden und Sachgebiete wirken so zusammen, dass für die Bürger ein möglichst geringer Aufwand durch persönliche Vorsprachen und Schriftverkehr entsteht.

Bürgernähe bedeutet, dass Behörden für den Bürger persönlich, telefonisch, schriftlich, per Fax sowie elektronisch erreichbar sein sollen. Während der Öffnungszeiten müssen Rechtsbehelfe, Anträge und an Fristen gebundene Erklärungen entgegengenommen werden können. Weiterhin muss bei fristgebundenen Dokumenten der Tag des Eingangs zuverlässig festgestellt werden können.

Die Allgemeinen Geschäftsordnungen der einzelnen Länder regeln mitunter auch die täglichen Öffnungszeiten von Behörden mit Besucherverkehr. Entsprechend geweitete Öffnungszeiten (etwa von 08:00 Uhr bis 16:00 Uhr) sollen einen einfacheren Zugang zur Verwaltung verschaffen. Weiterhin wirkt sich Bürgerorientierung aus auf:

- Wartezeiten: Besuchern sollen nur möglichst kurze Wartezeiten entstehen.
- Orientierung: Organisationseinheiten mit hohen Besucherzahlen sind räumlich derart unterzubringen, dass für Besucher möglichst kurze Wege entstehen.
- Öffentlichkeitsarbeit: Die Öffentlichkeit ist über Leistungen, Verfahren sowie Termine rechtzeitig und angemessen zu informieren.

6.2 Konfliktmanagement in der Verwaltung

Konflikte sind Spannungen, welche durch unterschiedliche Wahrnehmungen, Bewertungen, Interessen und Bedürfnisse entstehen. Sie weisen auf Probleme hin und helfen dabei, Missstände aufzudecken. Konflikte können dadurch zu Klärungsprozessen führen. Im beruflichen Umfeld wirken personelle (z. B. Abneigung gegenüber einer anderen Person) und betriebliche (z. B. räumlich enge Anordnung der Arbeitsplätze) Faktoren zusammen, welche Konflikte entstehen lassen können. Wenn konstruktiv mit Konfliktpotentialen umgegangen wird, können sie als Chance für Veränderung genutzt werden. Dazu müssen Mitarbeiter...

- Konflikte als etwas Alltägliches begreifen und Anzeichen von Konflikten erkennen.
- Konflikte frühzeitig und direkt ansprechen.

Beratungs- und Beschwerderecht

Werden in der Dienststelle Konfliktlotsen ausgebildet, so kann sich ein betroffener Mitarbeiter an diese zur Konfliktvermittlung wenden oder sich von ihnen beraten lassen. Alternativ steht auch der Weg zum nächsthöheren Vorgesetzten offen. Da Konflikte eine große Belastung für die betroffenen Beschäftigen darstellen, zählt das Beratungs- und Beschwerderecht zur Fürsorgepflicht des Dienstherrn bzw. des Arbeitgebers. Ein Mitarbeiter, der einen Konflikt meldet, darf somit keinerlei Sanktionen oder berufliche Nachteile zu befürchten haben.

Interventionspflicht

Vorgesetzte haben eine Interventionspflicht: Sie müssen Hinweisen von Konflikten in ihrer Organisationseinheit unverzüglich nachgehen. Ist der Vorgesetzte selbst in den Konflikt involviert, ist der nächsthöhere Vorgesetzte einzuschalten.

Weitere Anlaufstellen für vom Konflikt Betroffene sind:

- die Personalvertretung
- die Schwerbehindertenvertretung
- die Frauen- und Gleichstellungsbeauftragte

Konfliktlösungsverfahren

Das Konfliktlösungsverfahren ist in mehreren Schritten untergliedert:

Schritt 1: Persönliche Klärung

Konflikte sollen dort gelöst werden, wo sie entstanden sind. Die beteiligten Personen sind also zunächst selbst gefragt, das Problem in einem Konfliktgespräch zu lösen. Die Betroffenen selbst wissen immer am besten über den Konflikt Bescheid. Es gilt das Prinzip "Mit dem Anderen sprechen, anstatt über ihn."

Falls die selbständige Konfliktlösung scheitert, folgt der nächste Schritt.

Schritt 2: Moderiertes Gespräch

Diejenige vorgesetzte Person, welche in der Hierarchie als erste nicht am Konflikt beteiligt ist, wird über den Konflikt informiert. Dies kann von Seiten einer Konfliktpartei oder eines Dritten erfolgen. Daraufhin wird von ihm ein moderiertes Gespräch zur Konfliktlösung anberaumt. Als moderierende Person muss der Vorgesetzte allparteilich sein, d. h. er darf sich nicht nur auf eine der beiden Parteien beziehen, sondern soll bei seinem Klärungsversuch stets beidseitige Interessen im Blick behalten.

Führt das moderierte Gespräch zur Lösung, soll der Vorgesetzte ein weiteres Gespräch nach ein- bis drei Monaten ansetzen, um zu prüfen, ob die gefundene Lösung auch mittel- bis langfristig tragfähig ist. Führt das Gespräch jedoch zu keinem Erfolg, so hat der Vorgesetzte ein entsprechendes Gremium zu informieren.

Schritt 3: Prüfung durch Konfliktgremium

Wer als Konfliktgremium infrage kommt, ist von der jeweiligen Dienststelle abhängig. Das Gremium setzt sich aus mehreren Personen zusammen und kann sich z. B. aus dem nächsthöheren Vorgesetzten, einem Mitarbeiter der Personalabteilung, einem Konfliktlotsen und dem Vorsitzenden des Ausschusses für Personalentwicklung zusammensetzen. Die Angehörigen des Gremiums haben nun folgende Aufgaben:

- Aufnahme bzw. Erfassung des Konflikts
- Analyse der Ist-Situation
- Entscheidung, welches Verfahren am geeignetsten erscheint

Nachdem das Gremium den Fall geprüft und eine Empfehlung für das weitere Vorgehen erarbeitet hat, leitet es die Ergebnisse bzw. den Fall an den nächsthöheren, nicht beteiligten Vorgesetzten weiter.

Schritt 4:

Der nun beauftragte Vorgesetzte kann gemäß des Vorschlags des Konfliktgremiums weiter vorgehen. Falls dies scheitert, kann er den Konflikt beenden. Sollte künftig jetzt noch ein unangemessenes Verhalten einer der Konfliktparteien auftreten, können dienst- bzw. arbeitsrechtliche Maßnahmen erfolgen.

6.3 Arbeiten und Kommunikation in Gruppen

Führungskräften kommt bei der Modernisierung der öffentlichen Verwaltung eine besondere Rolle zu. Sie müssen Vorbild für die Mitarbeiter und bereit für Reformen sein. Personalführung ist eine ihrer Hauptaufgaben. Zeitgemäße Instrumente der Führung sind Mitarbeitergespräche sowie Zielvereinbarungen. Damit die Arbeit und die Kommunikation in Gruppen (z. B. Sachgebiet) gelingt, müssen Führungskräfte nach folgenden Leitlinien handeln:

Kompetent führen

Führungskräfte sind Vorbilder und zeichnen sich aus durch

- persönliche Kompetenz: Körpersprache, Selbstbewusstsein, Lernbereitschaft
- soziale Kompetenz: Empathie, Teamfähigkeit, Kompromissbereitschaft

- methodische Kompetenz: organisieren, effektiv delegieren, konstruktives kritisieren
- fachliche Kompetenz: Kenntnisse im jeweiligen Tätigkeitsfeld (z. B. Rechtskenntnisse im Baurecht)

Verantwortung wahrnehmen

Führungskräfte werden an ihrem Verhalten gemessen. Führungsaufgaben wahrzunehmen bedeutet, Verantwortung zu übernehmen:

- Führungskräfte erkennen Entwicklungen vorausschauend und steuern aktiv.
- Führungskräfte handeln eigenverantwortlich.
- Führungskräfte stellen komplexe Zusammenhänge verständlich dar.

Mit Zielen führen

Führungskräfte entwickeln Ziele und stützen sich dabei auf die Kenntnisse und Fähigkeiten ihrer Mitarbeiter. Dabei ist es wichtig, ...

- Prioritäten zu setzen (Welche Ziele sind vorrangig?).
- Abläufe zu gestalten (Welche konkreten Schritte sind zu unternehmen, um das Ziel zu erreichen?).
- Anforderungen an die Qualität und Quantität der Arbeitsergebnisse zu stellen.
- Ziele zu vereinbaren (im Gespräch mit Mitarbeitern).

Zusammenarbeiten

Für den Erfolg von Zusammenarbeit im Team ist Vertrauen und gegenseitige Unterstützung essentiell. Die Qualität der Zusammenarbeit bestimmt maßgeblich die Arbeitsergebnisse. Wenn Führungskräfte Entscheidungen treffen, müssen die betroffenen Mitarbeiter (als Experten in ihrem täglichen Arbeitsumfeld) in den Entscheidungsprozess mit einbezogen werden. Regeln für langfristig erfolgreiche Zusammenarbeit sind:

- rechtzeitige Information (z. B. wöchentlicher Informationsaustausch in Besprechung)
- umfassende Information (alle relevanten Daten müssen weitergegeben werden)
- Rückmeldung durch den Vorgesetzten (sachliche Kritik sowie Anerkennung guter Leistungen)

6.4 Test: Kommunikation und Kooperation

WAS IST ZU TUN?

Im Folgenden werden dir Fragen zur Lektion Kommunikation und Kooperation gestellt. Zu jeder Frage werden vier Antwortmöglichkeiten angegeben. Wähle die richtige Antwort bzw. die richtigen Antworten aus (es können also auch mehrere Antworten richtig sein)!

1. Welche der folgenden Kompetenzen zählen zur persönlichen Kompetenz?

   ☐ a) Körpersprache

   ☐ b) konstruktives Kritisieren

   ☐ c) Teamfähigkeit

   ☐ d) keine der Antworten

2. Welche Faktoren sind für den Erfolg von Zusammenarbeit wichtig?

   ☐ a) rechtzeitiger Informationsaustausch

   ☐ b) Rückmeldungen durch Vorgesetzte

   ☐ c) wöchentliche Einzelgespräche

   ☐ d) umfassender Informationsaustausch

3. Führungskräfte sollen mit Zielen führen. Was ist dabei wichtig?

   ☐ a) Schritte zur Zielerreichung aufzeigen

   ☐ b) Kritik erst nach Erreichen des Ziels aussprechen

   ☐ c) Ziele in Mitarbeitergesprächen vereinbaren

   ☐ d) Qualitätsanforderungen an Arbeitsergebnisse stellen

4. Welche Personen können als Behördenvertreter an Verhandlungen teilnehmen?

- ☐ a) Sachbearbeiter
- ☐ b) Sachgebietsleiter
- ☐ c) Abteilungsleiter
- ☐ d) Satzungsgemäßer Verhandlungsführer

5. Welche Aussage ist zutreffend?

- ☐ a) Bürger können erst im gerichtlichen Verfahren einen Rechtsbeistand hinzuziehen.
- ☐ b) Bei einer Verhandlung mit einer Verwaltungsbehörde hat der Betroffene selbst zu erscheinen.
- ☐ c) Ein Betroffener kann sich im Verwaltungsverfahren von einem Rechtsanwalt vertreten lassen.
- ☐ d) Keine der Aussagen ist korrekt.

6. Worin sind die Grundsätze einer bürgerorientierten Verwaltung geregelt?

- ☐ a) Allgemeines Verwaltungsgesetz (AVG)
- ☐ b) Allgemeine Geschäftsordnung (AGO)
- ☐ c) Verwaltungsdienstleistungsgesetz (VDG)
- ☐ d) Verwaltungsverfahrensgesetz (VwVfG)

7. Welche Aussage in Bezug auf die Verhandlungen von Verwaltungsbehörden ist korrekt?

- ☐ a) In der Verhandlung können außergesetzliche Regelungen geschaffen werden.
- ☐ b) Das Verhandlungsergebnis unterliegt den gesetzlichen Normen.
- ☐ c) Wenn nach erfolgter Verhandlung ein Bescheid ergeht, kann dieser aufgrund der vorherigen Klärung nicht mehr vor Gericht angefochten werden.
- ☐ d) Keine der Antworten ist korrekt.

8. Wie ist Bürgerorientierung in der Verwaltung definiert?

   - ☐ a) Behörden richten Maßnahmen an den Bedürfnissen der Bürger aus.
   - ☐ b) Das Verwaltungshandeln muss parteiisch für den Bürger erfolgen.
   - ☐ c) Bürger sind bei der Abgabe von Erklärungen an Antragsformulare nicht gebunden.
   - ☐ d) Persönliche Vorsprachen entfallen bei Behörden.

9. Wie ist Bürgernähe in der Verwaltung definiert?

   - ☐ a) Erklärungen können bei Behörden per E-Mail abgegeben werden.
   - ☐ b) Während der Öffnungszeiten müssen Rechtsbehelfe und Anträge entgegengenommen werden können.
   - ☐ c) Behörden sind telefonisch, per Fax, schriftlich sowie persönlich zu täglichen Geschäftszeiten erreichbar.
   - ☐ d) Eine Klage gegen eine behördliche Maßnahme kann direkt im betreffenden Amt abgegeben werden.

10. Welche der folgenden Kompetenzen zählen zur methodischen Kompetenz?

   - ☐ a) konstruktives Kritisieren
   - ☐ b) ausreichende Fachkenntnis
   - ☐ c) Selbstbewusstsein
   - ☐ d) Organisieren

6.5 Lösungen: Kommunikation und Kooperation

Aufgabe	Lösung	Aufgabe	Lösung	Aufgabe	Lösung
1.	a)	2.	a), b), d)	3.	a), c), d)
4.	a), b), c)	5.	c)	6.	b)
7.	b)	8.	a)	9.	b), c)
10.	a), d)				

Lösungen der Auswahl-Fragen.

7 Interkulturelle Kompetenz

7.1 Interkulturelle Kompetenz

Interkulturelle Kompetenz wird in der Verwaltung immer wichtiger, denn Beschäftigte müssen mit Bürgern, die über andere kulturelle Hintergründe verfügen, konstruktiv umgehen und mit ihnen zusammenarbeiten können. Eine andere "Kultur" kann in diesem Sinne auch ein anderes Geschlecht, eine Ausbildung, ein Beruf, die sexuelle Orientierung, die Nationalität(en) der Eltern, das Alter oder der Herkunfts- und Wohnort sein.

Nach Georg Auernheimer gibt es vier Dimensionen interkultureller Kompetenz:

- **Machtasymmetrien** (vgl. Auernheimer 2013, S. 52-57): Interkulturelle Begegnungen sind von mehrfachen, ungleichen Machtverhältnissen geprägt (z. B. Zugehörigkeit zu gesellschaftlichen Mehr- oder Minderheiten, Unterschiede im rechtlichen oder ökonomischen Status).
- **Kollektiverfahrungen**: Ungleiche Machtverhältnisse bringen Ungleichheiten und Diskriminierungen mit sich, die stets auch historisch gewachsene, kollektive Erfahrungen bedeuten.
- **Fremdbilder** (vgl. Auernheimer 2013, S. 57-59): Stereotypen und Vorurteile über die andere Kultur beeinflussen die gegenseitigen Sichtweisen sowie Handlungen meist negativ und können zu Diskriminierung führen. Stattdessen ist also ein konstruktiver Umgang mit fremden Kulturen gefragt.
- **Kulturdifferenzen** (vgl. Auernheimer 2013, S. 59-62): In jeder Kultur herrschen andere Muster und Normen in der Kommunikation vor. Diese können zu Missverständnissen und Wertekonflikten führen. Deshalb ist Sensibilität für andere Wahrnehmungen gefragt.

Im Umgang mit Personen anderer Kulturen bedarf es Wissen (kognitiv), Fähigkeiten (affektiv) sowie Fertigkeiten (behavioral). Im Umgang mit Bürgern bedeutet dies für die Mitarbeiter einer modernen Verwaltung:

- Kenntnisse um Migrations- und Integrationsprozesse, kulturspezifisches Wissen (Wissen)
- Offenheit, Toleranz, Sensibilität, Anerkennung und Wertschätzung, Empathie (Fähigkeiten)
- Gewaltfreie Kommunikation, Konfliktbewältigung, Umgang mit kritischen Ereignissen (Fertigkeiten)

7.2 Umgang mit Vielfalt

Bei Vielfalt handelt es sich um Fülle von verschiedenen Arten, Ausprägungen, Formen, etc., in denen etwas bestimmtes vorhanden ist und die sich voneinander unterscheiden. Häufig wird auch die Bezeichnung Diversität verwendet. Spricht man im Bezug auf die Verwaltung von Vielfalt, so bedeutet dies, ...

- dass sich die Vielfalt einer Gesellschaft bei den Beschäftigten in der öffentlichen Verwaltung widerspiegelt und
- dass sich die Mitarbeiterinnen und Mitarbeiter in der Verwaltung in die verschiedenen Lebenslagen und Situationen der Bürger hineinversetzen können.

Die Grundlage für den ersten Punkt schafft bereits das Grundgesetz. Artikel 33 Absatz 2 GG legt fest, dass jeder Deutsche nach seiner Eignung, Befähigung und fachlichen Leistung gleichen Zugang zu jedem öffentlichen Amt hat. Entscheidend ist somit die Deutsche Staatsangehörigkeit, nicht etwa die Herkunft einer Person, deren Religion oder ihr kultureller Hintergrund.

Damit künftig mehr Personen mit Migrationshintergrund für die öffentliche Verwaltung gewonnen werden können, ergeben sich für Behörden mehrere Handlungsfelder:

1. Vielfalt in der Verwaltung durch veränderte Maßnahmen der Personalgewinnung stärken, z. B. durch anonyme Bewerbungen, eine heterogen zusammengesetzte Auswahlkommission sowie kultursensible Auswahlverfahren
2. Chancengleichheit für alle Beschäftigtengruppen durch gezielte Personalentwicklung (z. B. verwaltungsinterne Berufsausbildung (mit entsprechendem Ausbildungskonzept))
3. Behördenspezifische Maßnahmen des Diversitätsmanagements (z. B. Einrichtung eines Diversitätsmanagers)
4. Verbesserung der Strukturen, um Diskriminierung vorzubeugen (durch klare Beschwerdewege und Zuständigkeiten)
5. Verfassen von Diversitätsleitlinien
6. Ergebnisse durch regelmäßiges Berichtswesen und Monitoring zur kulturellen Vielfalt überprüfen

7.3 Test: Vielfalt und Interkulturelle Kompetenz

WAS IST ZU TUN?

Im Folgenden werden dir Fragen zur Lektion Interkulturelle Kompetenz gestellt. Zu jeder Frage werden vier Antwortmöglichkeiten angegeben. Wähle die richtige Antwort bzw. die richtigen Antworten aus oder sortiere die Antwortmöglichkeiten entsprechend der Aufgabenstellung (es können also auch mehrere Antworten richtig sein)!

1. Ein anderer Begriff für Vielfalt ist...

   ☐ a) Divergenz

   ☐ b) Differenz

   ☐ c) Diversität

   ☐ d) Diversizität

2. Worauf wirkt sich Vielfalt in Bezug auf die öffentliche Verwaltung aus?

   ☐ a) Vielfalt in der Gesellschaft spiegelt sich bei den Beschäftigten in der Verwaltung wider .

   ☐ b) Bürger können sich in die Situation von Verwaltungsmitarbeitern mit Migrationshintergrund hineinversetzen.

   ☐ c) Verwaltungsmitarbeiter können sich in die verschiedenen Lebenslagen und Situationen der Bürger hineinversetzen.

   ☐ d) Keine der Antworten ist korrekt.

3. Was besagt Artikel 33 des Grundgesetzes (GG) in Bezug auf den Zugang zu öffentlichen Ämtern?

   - ☐ a) Jeder Deutsche hat nach seiner Herkunft, Befähigung und fachlichen Leistung gleichen Zugang zu einem öffentlichen Amt.
   - ☐ b) Jede sich in Deutschland befindende Person hat nach ihrer Eignung, Befähigung und fachlichen Leistung einen Zugang zu öffentlichen Ämtern.
   - ☐ c) Jeder Deutsche hat nach seiner Eignung, Befähigung und fachlichen Leistung gleichen Zugang zu jedem öffentlichen Amt.
   - ☐ d) Nur Personen aus den Mitgliedsstaaten der Europäischen Union haben einen Zugang zu öffentlichen Ämtern in Deutschland.

4. Veränderte Maßnahmen zur Personalgewinnung können die Vielfalt in der Verwaltung stärken. Welche Maßnahmen sind hierbei sinnvoll?

   - ☐ a) Anonyme Bewerbungen
   - ☐ b) Kultursensible Auswahlverfahren
   - ☐ c) Heterogene Zusammensetzung der Auswahlkommission
   - ☐ d) Homogene Zusammensetzung der Auswahlkommission

5. Auf welche Unterschiede/Aspekte kann der Begriff "Kultur" im Sinne interkultureller Kompetenz Bezug nehmen?

   - ☐ a) Geschlecht
   - ☐ b) Sexuelle Orientierung
   - ☐ c) Herkunft
   - ☐ d) Nationalität der Eltern

6. Welche der Folgenden zählen zu den vier Dimensionen interkultureller Kompetenz nach Auernheimer?

   ☐ a) Eigenbilder

   ☐ b) Machtasymmetrien

   ☐ c) Kollektiverfahrungen

   ☐ d) Kulturdifferenzen

7. Was besagt die Dimension Kollektiverfahrungen nach Auernheimer?

   ☐ a) Im Umgang mit fremden Kulturen im Berufsleben orientiert man sich anhand der Erfahrungen von Kollegen.

   ☐ b) Ungleichheiten und Diskriminierungen als Folge von ungleichen Machtverhältnissen

   ☐ c) Historisch gewachsene, kollektive Erfahrungen als Folge von Ungleichheiten

   ☐ d) Stereotype und Vorurteile behindern die effektive Zusammenarbeit.

8. Was besagt die Dimension "Kulturdifferenzen" nach Auernheimer?

   ☐ a) In jeder Kultur herrschen andere Muster und Normen in der Kommunikation vor, welche zu Missverständnissen führen können.

   ☐ b) Ungleiche Machtverhältnisse bringen Ungleichheiten und Diskriminierungen mit sich.

   ☐ c) Differenzen zwischen zwei Kulturen können nicht überwunden werden.

   ☐ d) Keine der Antworten ist zutreffend.

9. Welche der folgenden Aspekte fördern den erfolgreichen Umgang mit anderen Kulturen?

   ☐ a) Kenntnisse um Migrationsprozesse

   ☐ b) Kenntnisse in der Konfliktbewältigung

   ☐ c) Kulturspezifisches Wissen

   ☐ d) Gewaltfreie Kommunikation

10. Welche der folgenden Maßnahmen bzw. Handlungsfelder können dabei helfen, Personen mit Migrationshintergrund für die Verwaltung zu gewinnen?

☐ a) Verfassen von Diversitätsleitlinien

☐ b) Gezielte Personalentwicklung für alle Beschäftigtengruppen (z. B. behördeninterne Fort- und Weiterbildungsangebote)

☐ c) Errichtung von Beschwerdewegen und Zuständigkeiten bei Fällen von Diskriminierung

☐ d) Durchführung von kultursensiblen Auswahlverfahren

7.4 Lösungen: Vielfalt und Interkulturelle Kompetenz

Aufgabe	Lösung	Aufgabe	Lösung	Aufgabe	Lösung
1.	c)	2.	a), c)	3.	c)
4.	a), b), c)	5.	a), b), c), d)	6.	b), c), d)
7.	b), c)	8.	a)	9.	a), b), c), d)
10.	a), b), c), d)				

Lösungen der Auswahl-Fragen.

8 Die Verwaltung im Staatsaufbau

8.1 Verfassungsprinzipien

In **Art 20 GG** sind die Verfassungsprinzipien der Bundesrepublik Deutschland verankert.

Gestaltung der Verfassungsprinzipien

Demokratischer und sozialer Bundesstaat
Alle Macht geht vom Volk aus. Die Vertreter des Volkes werden gewählt: Deutschland ist eine Demokratie.
Bürgerinnen und Bürger, die nicht aus eigener Kraft gewisse Dinge stemmen können, erhalten zum Beispiel Sozialhilfe, Kindergeld sowie andere Sozialleistungen: Deutschland ist ein Sozialstaat.

Rechtstaatlichkeit
Es gibt keine Strafe ohne ein entsprechendes Gesetz.

Republik
Wie der Name bereits sagt, ist die Bundesrepublik Deutschland eine "Republik". Das heißt, dass kein Staatsoberhaupt auf Lebenszeit oder durch Geburtsrecht berufen sein kann.

Bundesstaat
Deutschland ist ein Bundesstaat. Also ein Zusammenschluss aus verschiedenen Bundesländern. Dies bedeutet, es gibt zwei Ebenen auf denen gehandelt wird: die Bundes- und die Landesebene. Auf Bundesebene werden zum Beispiel Bundespolizei und Bundeskriminalamt geregelt und geführt. Wie bereits erwähnt, ist die Landespolizei Sache der einzelnen Bundesländer (daher die Namensgebung "Bundespolizei" sowie "Landespolizei").

Im Weiteren regelt der Art. 20 GG die sogenannte *Gewaltenteilung*.

Gewaltenteilung in der Bundesrepublik Deutschland

Die Gewaltenteilung der Bundesrepublik Deutschland gestaltet sich wie folgt:

Judikative: richterliche – oder auch rechtsbrechende – Gewalt
Legislative: gesetzgebende Gewalt -> Bundestag/ -Rat (beschließt Gesetze)
Exekutive: ausführende Gewalt -> Polizei/Sicherheitsbehörden

Merke: Der Sinn der Gewaltenteilung ist eine gegenseitige Kontrolle. Dies soll einem Machtmissbrauch einzelner Gewalten vorbeugen.

8.2 Staatsrecht Einführung

Der Begriff "**Staat**" erfordert **drei Voraussetzungen**:

- Staatsgebiet (räumlicher Geltungsbereich)
- Staatsvolk (alle Personen, welche durch Staatsangehörigkeit dauerhaft mit dem Staat verbunden sind)
- Staatsgewalt (Herrschaftsmacht des Staates innerhalb des Staatsgebiets)

Unter dem Begriff "Recht" fallen sämtliche vom Staat erlassene verbindliche Regeln für das menschliche Zusammenleben. Rechtsnormen (Gesetze) werden vom Staat zwangsweise durchgesetzt und haben eine Schutz- und Ordnungsfunktion. Ziel des Rechts ist die Herstellung und Bewahrung von Gerechtigkeit.

Die **fünf Staatsprinzipien** sind im **Grundgesetz** verankert:

- Republik ("Nicht Monarchie", ein Staatsoberhaupt kann nicht auf Lebenszeit bestimmt werden)
- Demokratie (Volksherrschaft)
- Rechtsstaat (Behörden dürfen nur aufgrund einer Rechtsgrundlage handeln)
- Sozialstaat (Soziale Sicherung für bedürftige Personen, Unterstützung von Menschen in besonderen Lebenslagen)
- Bundesstaat (16 Bundesländer)

Eine große Bedeutung im Staatsrecht kommt den **Wahlrechtsgrundsätzen** zu:

- Gleichheit (jeder Wahlberechtigte hat die gleiche Anzahl an Stimmen und diese werden gleich gewertet)
- Allgemeinheit (jeder darf wählen)
- Unmittelbarkeit (keine Stellvertreter, keine Wahlmänner)
- Freiheit (Stimmabgabe in den Wahlkreisen)
- Geheimheit (Wahlkabine oder Briefwahl von zu Hause aus)

Die öffentliche Verwaltung muss gesetzmäßig handeln. Dabei sind der Vorrang des Gesetzes sowie der Vorbehalt des Gesetzes wichtig:

Vorrang des Gesetzes bedeutet, nicht gegen das Gesetz zu handeln, d. h. eine Behörde darf nicht gegen Gesetze verstoßen, wenn sie handelt.

Vorbehalt des Gesetzes bedeutet, dass eine Behörde nicht ohne Gesetz handeln darf, also z. B. keinen Bescheid erlassen kann, wenn es für diese Art von Fall keine gesetzliche Befugnis gibt, einzuschreiten.

8.3 Träger und Gliederung der öffentlichen Verwaltung in Deutschland

Neben **Privatpersonen** (jeder Mensch) gibt es **Juristische Personen**. Eine Juristische Person kann ein Verband, eine Vereinigung (z. B. eingetragener Verein) oder eine Organisation (z. B. Unternehmen) sein. Es gibt Juristische Personen des **Privatrechts**, wie private Unternehmen (z. B. GmbH) und es gibt Juristische Personen des **öffentlichen Rechts**, welche öffentliche Aufgaben (z. B. Wasserversorgung) erfüllen. Juristische Personen haben Organe, um handeln zu können. Es gibt ein Gremium für grundlegende Entscheidungen (z. B. Vorstand im Unternehmen oder Stadtrat in einer Kommune) und eine Person für die laufende Geschäftsführung (z. B. Geschäftsführer im Unternehmen oder geschäftsleitender Beamter in einer Gemeindeverwaltung). Wer im öffentlichen Dienst beschäftigt ist, arbeitet für eine Juristischen Person des öffentlichen Rechts. Egal, ob Landratsamt, Gemeindeverwaltung oder Regierung – all diese Behörden sind Juristische Personen des öffentlichen Rechts.

Juristische Personen des öffentlichen Rechts werden unterschieden in:

- Körperschaften (z. B. Bundesland, Gemeinde oder Landkreis)
- Anstalten (z. B. Rundfunkanstalt MDR, SWR, BR)
- Stiftungen (Vermögensmassen)

Wenn wir über Bezirke, Landkreise und Gemeinden (Kommunen) sprechen, dann sprechen wir also über Körperschaften des öffentlichen Rechts. Genauer gesagt handelt es sich dabei um **kommunale Gebietskörperschaften des öffentlichen Rechts**. Der Begriff Gebietskörperschaft bedeutet, dass sich der Einflussbereich dieser Verwaltungen auf ein festgelegtes Gebiet erstreckt, z. B. das Gemeindegebiet oder der Landkreis. Die Zuständigkeit eines Landratsamtes erstreckt sich ausschließlich auf das Gebiet des Landkreises – daher bezeichnen wir diese Behörden als Gebietskörperschaften.

Der Bund sowie die Bundesländer stellen die **unmittelbare Staatsverwaltung** dar (erfüllen ihre Aufgaben durch eigene Behörden), während die Körperschaften, Anstalten und Stiftungen des öffentlichen Rechts die **mittelbare Staatsverwaltung** bilden (erhalten Aufgaben übertragen).

Sehen wir uns den Aufbau der Staatsverwaltung in einem Bundesland der Bundesrepublik Deutschland etwas genauer an:

Die **Ministerien** bilden die Obersten Landesbehörden mit einer Zuständigkeit, welche sich über das gesamte Staatsgebiet (jeweiliges Bundesland) erstreckt. Die Ministerien treffen Grundsatzentscheidungen, bereiten Gesetzesvorhaben vor und beaufsichtigen den Verwaltungsvollzug.

Die **Regierungen** bilden die Mittleren Landesbehörden, deren Zuständigkeitsbereich einen Teil des Staatsgebietes umfasst. Aufgabe der Regierung ist es, zum Teil selbst eigene Sachbearbeitung wahrzunehmen, zum anderen aber auch die Beaufsichtigung und Koordination der nachgegliederten Behörden.

Die **Landratsämter** bilden die Unterbehörden, deren Zuständigkeit ebenfalls nur einen Teil des Staatsgebietes umfasst. Aufgabe dieser Ämter ist der Verwaltungsvollzug vor Ort, also der Erlass von Bescheiden zur Regelung von Einzelfällen oder der Erlass von Satzungen und Verordnungen für ihren Zuständigkeitsbereich.

8.4 Grundlagen der Verfassung sowie Kommunale Selbstverwaltung

Grundlagen der Verfassung – Europarecht und Grundrechte

Grundrechte sind Abwehrrechte des Bürgers gegen den Staat. Grundrechte sind damit subjektive Rechte, die ein Bürger geltend machen kann, wenn der Staat in seinen Lebensbereich eingreift.

Beispiel: An einer Schule sind Masern aufgetreten. Das Landratsamt (Gesundheitsamt) verbietet einem nicht geimpften Kind den weiteren Schulbesuch. Die Eltern des Kindes erheben gegen die Anordnung der Behörde eine Klage vor dem zuständigen Verwaltungsgericht mit dem Ziel, dass ihr Kind die Schule künftig wieder besuchen darf.

Die Grundrechte finden sich zunächst im ersten Abschnitt des Grundgesetzes (GG) – darunter fallen bestimmte Freiheitsrechte, wie das Recht auf die freie Entfaltung der Persönlichkeit.

Neben dem Grundgesetz enthalten auch die Landesverfassungen der einzelnen Bundesländer Grundrechte als Abwehrrechte des Bürgers gegen den Staat. Die Grundrechte der einzelnen Landesverfassungen gelten neben denen des Grundgesetzes, soweit sie deren Freiheitsstandard nicht unterschreiten, also den Bürgern keine Freiheiten nehmen, die durch das Grundgesetzt gewährt werden.

Grundrechte sind auch in der Europäischen Menschenrechtskonvention (EMRK) festgehalten, die als völkerrechtlicher Vertrag ein Teil des deutschen Rechts ist (Völkerrecht). Daneben existieren sog. Unionsgrundrechte, als Grundrechte der Europäischen Union (Charta der Grundrechte der Europäischen Union).

Grundlagen der Kommunalen Selbstverwaltung

Gemeinden steht ein Recht auf Selbstverwaltung zu. Dies bedeutet, dass sich die Gemeinde im Rahmen der Gesetze unabhängig und nach eigenem Ermessen verwaltet. Das Selbstverwaltungsrecht hat dabei einen grundrechtsähnlichen Charakter. Eine Gemeinde kann damit auch eine Verfassungsbeschwerde bzw. eine Popularklage erheben, wenn sie sich durch Maßnahmen des Staates (z. B. Bau einer Autobahn durch das Gemeindegebiet, Errichtung einer Müllverbrennungsanlage) in ihrem Selbstverwaltungsrecht verletzt fühlt.

Ein Ausfluss der Kommunalen Selbstverwaltung ist die Gemeindehoheit, welche neben der Bevölkerung auch alle nur vorübergehend im Gemeindegebiet anwesenden Personen (z. B. Urlauber, Durchreisenden) umfasst. Die Gemeindehoheit tritt in verschiedenen Ausprägungen auf:

- Verwaltungshoheit: Die Gemeinde erledigt die anfallenden Verwaltungsgeschäfte in eigener Verantwortung.
- Finanzhoheit: Die Gemeinde erlässt für jedes Haushaltsjahr eine Haushaltssatzung und regelt damit ihr Finanzwesen.
- Personalhoheit: Die Gemeinde stellt ihr Personal selbst ein, ohne Zustimmung seitens staatlicher Behörden.
- Organisationshoheit: Die Gemeinde entscheidet selbst über die Aufgabenverteilung auf die Beschäftigten.
- Rechtsetzungshoheit: Die Gemeinden erlassen Satzungen.
- Ortsplanungshoheit: Die Gemeinden haben Bauleitpläne aufzustellen.

8.5 Verfassungsorgane

Im Folgenden eine Aufstellung und Funktionsbeschreibung der Verfassungsorgane in der Bundesrepublik Deutschland:

Bundespräsident

- Ernennt die Bundesminister auf Vorschlag des Bundeskanzlers
- Steht protokollarisch an der Spitze der BRD
- Verkörpert Einheit der BRD nach innen und außen

Deutscher Bundestag

- Hauptaufgabe ist die Gesetzgebung
- Einzige Institution auf Bundesebene, deren Mitglieder direkt vom Volk gewählt werden
- Kontrolle der Bundesregierung durch Ausschüsse und Anfragen

Bundesrat

- Rat wird durch die Regierungen der 16 Bundesländer gebildet
- Vertretung der Bundesländer
- Mitwirkung bei Gesetzgebung

Bundesregierung

- Spitze der ausführenden Gewalt (Exekutive)
- Zusammensetzung aus Bundesminister sowie Bundeskanzler:in ; gemeinsam bilden sie das Bundeskabinett
- Initiativrecht Gesetze in den Bundestag einzubringen

Bundesversammlung

- Zusammenkunft alle fünf Jahre zur Wahl des Bundespräsidenten
- Besteht aus allen Mitgliedern des Deutschen Bundestages und zusätzlich der gleichen Anzahl an Personen, welche von den Landesparlamenten gewählt werden

Gemeinsamer Ausschuss

- Ausschuss von Bundestag und Bundesrat
- Zusammenkunft als Notparlament im Verteidigungsfall

Bundesverfassungsgericht

- Wacht über die Einhaltung des Grundgesetzes

8.6 Stellung der Öffentlichen Verwaltung im Staatsaufbau

Die öffentliche Verwaltung ist die Verbindung zwischen dem Bürger und den politischen Entscheidungen.

Beschließt der Bundestag ein neues Gesetz oder eine Gesetzesänderung, so führen bestimmte staatliche Stellen die neuen Regelungen aus und setzen sie in die Tat um. Ein neues Gesetz bestimmt die für die darin geregelten Sachverhalte zuständigen Behörden. Daher finden sich jedem Gesetz mit materiellen Vorschriften entsprechende Vorgaben über die Zuständigkeit.

Die öffentliche Verwaltung ist Teil der Exekutive. Sie soll eine effiziente und bürgerorientierte Umsetzung der politischen Ziele garantieren. Dies bedeutet, dass das Recht im Einzelfall korrekt angewandt werden muss. Beschäftigte in der Verwaltung, welche auf den Einzelfall bezogene Entscheidungen erlassen, müssen dazu über einen fundierten rechtlichen Hintergrund verfügen.

Das Vorbild für die öffentliche Verwaltung beruht auf dem Bürokratieansatz von Max Weber, welcher folgende Merkmale der Bürokratie herausstellt:

- Hierarchieprinzip
- Nachvollziehbarkeit (Schriftlichkeit und Aktenkundigkeit der Verwaltung)
- Arbeitsteilung
- Trennung von Amt und Person
- Bindung an das Gesetz (Vorrang und Vorbehalt des Gesetzes)
- Neutralität des Verwaltungshandelns

Das **Bundesinnenministerium** ist die für die Verwaltung zuständige oberste Behörde. Das Grundgesetz regelt in den Artikeln 30 sowie 83, dass die Verwaltung in Deutschlang vor allem Aufgabe der Länder und Gemeinden ist. Bundesrecht wird von den Behörden der Länder sowie den Kommunen vollzogen.

Die **bundeseigene Verwaltung** vollzieht Bundesgesetze selbständig – ohne zusätzliche Inanspruchnahme von Landesbehörden oder Kommunalen Verwaltungen. Hier spricht man vom Bundesvollzug. Hierzu zählen die Bundesfinanzverwaltung, der Auswärtige Dienst sowie die Bundespolizei und die Bundeswehrverwaltung.

Bei der **Bundesauftragsverwaltung** werden Bundesgesetze im Bundesauftrag von Landesbehörden vollzogen. Hierzu gehören Verwaltung der Bundesstraßen sowie der Bundesautobahnen und die Luftverkehrsverwaltung.

Der **Landesvollzug von Bundesgesetzen** als eigene Angelegenheit der Länder ist die häufigste Form des Verwaltungshandelns auf Landesebene. Die Einrichtungen der Behörden sowie das Verwaltungsverfahren werden von den Ländern selbst bestimmt. Hierzu gehören die Bereiche Bau- und Umweltrecht, Straßenverkehrsrecht, Jugendschutz sowie Ausländerwesen.

Beim **Landesvollzug von Landesgesetzen** führen die Kommunen die Gesetze selbständig aus, ohne dass der Bund dabei beteiligt wird. So geschieht dies in den Bereichen Schule, Polizei, Denkmalschutz, Wirtschaftsförderung, Museen sowie Landesplanung.

8.7 Politik und Demokratie

Scanne den QR Code, um zum Video zu gelangen:

Der Begriff **Bundesrepublik** Deutschland bedeutet, dass unser Land aus mehreren Bundesländern besteht, die zu einem Bund zusammengeschlossen sind. Der Bundespräsident ist das Staatsoberhaupt der BRD. Der Bundespräsident wird von der Bundesversammlung gewählt.

Die **Bundesversammlung** besteht aus sämtlichen Mitgliedern des Deutschen Bundestages sowie ebenso vielen Wahlleuten, die von den Länderparlamenten gewählt werden. Die 16. Bundesversammlung setzte sich aus 1.260 Mitgliedern zusammen: 630 Mitglieder des Deutschen Bundestags (MdB) sowie der gleichen Anzahl von Delegierten der Landesparlamente.

Der **Bundestag** besteht aus vom deutschen Volk gewählten Abgeordneten. Der Bundestag wählt den Bundeskanzler. Der **Bundesrat** besteht aus Vertretern der Regierungen der 16 Bundesländer.

Die **Verfassungsprinzipien** der Bundesrepublik Deutschland finden wir in Art. 20 des Grundgesetzes (GG):

- Demokratie: Das Volk bestimmt die Regierung in Wahlen
- Sozialstaat: Der Staat ermöglicht allen Bürgern ein menschenwürdiges Dasein
- Rechtsstaat: Staat und Bürger müssen die Gesetze achten; die Exekutive ist an Recht und Gesetz gebunden
- Bundesstaat: Alle 16 Bundesländer haben eine eigene Landesregierung, erlassen Gesetze und haben eine eigene Verwaltung; die Länder sind bei der Gesetzgebung zu beteiligen
- Gewaltenteilung: die gesetzgebende Gewalt (Legislative), die ausführende Gewalt (Exekutive) sowie die rechtssprechende Gewalt (Judikative) sind voneinander getrennt

Repräsentative Demokratie bedeutet, dass politische Entscheidungen nicht unmittelbar durch das Volk selbst getroffen werden, sondern durch gewählte Repräsentanten. Dahingegen stimmt die Bevölkerung in einer **direkten Demokratie** unmittelbar über politische Fragen ab.

Betrachten wir einige Organisationen und Begriffe, welche eine besondere Rolle spielen:

Parteien fördern die Teilhabe der Menschen am politischen Leben und beteiligen sich durch die Aufstellung von Bewerbern an Wahlen. Dadurch nehmen Parteien Einfluss auf die politische Entwicklung in Parlament und Regierung.

Gewerkschaften verhandeln Tarifverträge und können Arbeitnehmer zum Streik auffordern, um ihre Forderungen zu bekräftigen. Bereits in Art. 9 des Grundgesetzes (GG) ist das Recht, entsprechende Vereinigungen zu bilden, gesichert. Darüber hinaus beraten Gewerkschaften Arbeitnehmer in Streitigkeiten vor dem Arbeitsgericht.

Zivilgesellschaftliches Engagement ist freiwilliges, individuelles Handeln, das sich am Gemeinwohl ausrichtet – ohne materielle Gewinnabsicht.

Medien beziehungsweise der Journalismus werden in Deutschland auch als sogenannte "Vierte Gewalt" neben der Judikative, Exekutive sowie Legislative bezeichnet. Presse, Funk und Fernsehen informieren einerseits über das staatliche Handeln und kontrollieren andererseits durch die Berichterstattung das staatliche Handeln. Ein wesentlicher Grundzug einer demokratischen Gesellschaft ist es, dass Medien auch kritische Kommentare zu staatlichem Handeln bzw. dem Handeln der Regierenden abgeben und Zuschauer dazu angeregt werden, sich am Diskurs zu beteiligen.

Verhältnis Staat-Gesellschaft-Politik

Für einen Staat braucht es ein Staatsgebiet, ein Staatsvolk sowie die Staatsgewalt (Drei-Elemente-Lehre). Der Handlungsbereich des Staates ist durch Gesetze beschränkt. Wo sich keine gesetzliche Grundlage findet, kann eine Behörde nicht handeln. Anders verhält es sich in der Gesellschaft, welche nicht durch Gesetz beschränkt wird. Personen und Vereinigungen in der Gesellschaft können sich bei ihrem Handeln grundsätzlich auf die Allgemeine Handlungsfreiheit (Art. 2 Abs. 1 GG) berufen. Die Gesellschaft darf sich also im Gegensatz zum Staat und seinen Behörden frei betätigen, solange dieses Handeln nicht durch Gesetze eingeschränkt ist.

8.8 Kommunalrecht - Aufgaben von Gemeinden

Scanne den QR Code, um zum Video zu gelangen:

Die Aufgaben einer Gemeinde werden in den **eigenen Wirkungskreis** (= eigene Aufgaben) sowie den **übertragenen Wirkungskreis** (= übertragene Aufgaben) unterteilt.

Eigener Wirkungskreis

Bei dem eigenen Wirkungskreis handelt es sich um Angelegenheiten der örtlichen Gemeinschaft. Das kommunale Selbstverwaltungsrecht ist in Art. 28 Abs. 2 Satz 1 des Grundgesetzes formuliert. Demnach muss Gemeinden das Recht gewährleistet sein, alle Angelegenheiten der örtlichen Gemeinschaft im Rahmen der Gesetze in eigener Verantwortung zu regeln.

Unter den Begriff der Angelegenheit der örtlichen Gemeinschaft fasst das Bundesverfassungsgericht "Aufgaben, die in der örtlichen Gemeinschaft wurzeln oder auf sie einen spezifischen Bezug haben." (siehe Entscheidung des BVerfG 8, 122 (134))

Beispiele für Aufgaben des eigenen Wirkungskreises sind: Feuerwehr, Trinkwasserversorgung, Öffentliche Bäder, Öffentlicher Personennahverkehr

Übertragener Wirkungskreis

Zu dem übertragenen Wirkungskreis zählen Angelegenheiten, die der Staat durch Gesetz einer Gemeinde zugeordnet hat. Es ist auch möglich, dass ein Landkreis einer (oder mehreren) Gemeinden in seinem Kreisgebiet eine Aufgabe zuweist.

Im Gegensatz zum eigenen Wirkungskreis können einer Gemeinde im übertragenen Wirkungskreis Weisungen erteilt werden. Beispiele für Aufgaben des übertragenen Wirkungskreises sind: Durchführung von Wahlen, Standesamt, Einwohnermeldeamt, Passwesen

8.9 Kommunalrecht

Kommunale Körperschaften werden in Gebietskörperschaften (Gemeinden, Landkreise und Bezirke) und sonstige kommunale Körperschaften (z. B. Zweckverband, Verwaltungsgemeinschaft) unterschieden.

Eine Gemeinde ist damit eine **juristische Person** und kann wie eine natürliche Person am Rechtsleben teilnehmen. Wir unterscheiden zwischen kreisangehörigen und kreisfreien Gemeinden.

Gemeinden sind Gebietskörperschaften. Die gemeindliche Hoheitsgewalt umfasst alle Personen, welche sich aktuell im Gemeindegebiet aufhalten.

Gemeinden sind ausschließlich für örtliche Angelegenheiten zuständig. Ein Landkreis hingegen übernimmt auch überörtliche Aufgaben; neben Aufgaben wie der Abfallentsorgung werden Landkreise auch als Sozialhilfeträger (überörtliche Aufgabe) tätig. Bei überörtlichen Aufgaben handelt es sich um Aufgaben des Staates (dies betrifft z. B. die Sachgebiete Immissionsschutzrecht, Umweltrecht oder Baurecht); diese Zuständigkeiten sind durch ein Gesetz des jeweiligen Landes geregelt. Der Landkreis ist dabei lediglich für überörtliche Aufgaben zuständig, welche sein räumliches Gebiet betreffen (z. B. Baugenehmigungsverfahren im Landkreisgebiet).

Sonstige Körperschaften sind die Verwaltungsgemeinschaft sowie Zweckverbände:

Eine **Verwaltungsgemeinschaft** ist ein Zusammenschluss mehrerer benachbarter kreisangehöriger Gemeinden. Mehrere (in aller Regel kleinere) Gemeinden können sich zusammenschließen und eine gemeinsame Verwaltung betreiben. Auch die Verwaltungsgemeinschaft ist eine juristische Person; sie kann somit Dienstherrin von Beamten sein. Die Mitgliedsgemeinden bleiben dabei bestehen, die Verwaltungsgemeinschaft übernimmt etwa das Gewerbeamt oder die Aufgaben der Meldebehörde (= Aufgaben des übertragenen Wirkungskreises). Die Verwaltungsgemeinschaft ist das "Servicebüro" der Mitgliedsgemeinden; sie ist keine Gebietskörperschaft – der eigenständige Charakter der Mitgliedsgemeinden bleibt erhalten.

Während eine Stadt oder eine Verwaltungsgemeinschaft viele unterschiedliche Aufgaben wahrnehmen, erledigt ein Zweckverband nur eine einzelne (dafür jedoch sehr umfangreiche) Aufgabe. So etwa werden die Bereiche Wasserversorgung, Abfallentsorgung oder Abwasserbeseitigung durch Zweckverbände wahrgenommen. Mitglieder eines Zweckverbands können sein:

- Gemeinden
- Landkreise
- Juristische Personen des Privatrechts

Genau wie die Verwaltungsgemeinschaft ist der Zweckverband als Körperschaft des öffentlichen Rechts eine juristische Person und kann Dienstherr von Beamten sein.

8.10 Was ist Europarecht?

Unter dem Begriff "Europarecht" werden sämtliche, auf europäischer Ebene geltende Rechtsordnungen zusammengefasst. Diese rechtlichen Ordnungen sind dabei vielfältig miteinander verwoben. In diesem Beitrag beleuchten wir das Europarecht sowie damit verbundene Begrifflichkeiten genauer.

Einführung Europarecht – Begriffserklärungen

Zur Einführung in das Europarecht gehen wir zunächst auf bestimmte Begriffe näher ein (Stand März 2023):

EU-Kommission

Die *EU-Kommission* ist die Exekutive der Europäischen Union. Die Kommission besteht aus 27 Mitgliedern – je eins pro Mitgliedsstaat. Die EU-Kommission verfolgt das Gesamtinteresse der

EU. Dabei handelt sie supranational – also losgelöst von den Einzelinteressen einzelner Mitgliedsstaaten. Sie ist daher auch weitgehend unabhängig von den Vorgaben von Mitgliedsstaaten. Die Gesetze und Regeln der Europäischen Gemeinschaft gelten daher für sämtliche Mitgliedsstaaten. Sitz der Kommission ist Brüssel. Aufgabe der Kommission ist es, die Europäische Integration voranzutreiben und die Einhaltung der Europäischen Verträge zu gewährleisten.

Europäischer Rat

Der *Europäische Rat* stimmt über EU-Rechtsvorschriften ab und verabschiedet diese gemeinsam mit dem Europäischen Parlament auf Grundlage von Vorschriften der Europäischen Kommission. 27 Staats- und Regierungschefs sind Mitglieder des Europäischen Rats – einer aus jedem Mitgliedsstaat der Europäischen Union. Hinzu kommt die Präsidentin bzw. der Präsident der EU-Kommission. Der Europäische Rat stimmt über zukunftsbestimmende Fragen ab und legt die politischen Ziele der EU fest. Er tritt mindestens zweimal im Halbjahr zusammen. Die Arbeitsergebnisse der Sitzungen des EU-Rats werden in "Schlussfolgerungen" zusammengefasst. Diese bilden die Leitlinien für die Arbeit der Kommission sowie dem "Rat der Europäischen Union".

Der Rat der Europäischen Union

Der *Rat der Europäischen Union* wird auch Ministerrat genannt. Ihm gehören die jeweiligen Fachminister der Mitgliedsstaaten an. Je nachdem, welches Thema behandelt wird, kommen verschiedene Fachrichtungen zusammen; so bilden etwa die Außenminister den "Rat für Auswärtige Angelegenheiten" und die Wirtschafts- und Finanzminister den "Rat Wirtschaft und Finanzen". Der Ministerrat ist neben dem Europäischen Parlament ein Gesetzgeber in der EU. Die Fachminister entscheiden im Rat der Europäischen Union über Gesetzesentwürfe (z. B. Verordnung) der EU-Kommission. Einem Gesetzesentwurf muss neben dem Rat der EU auch das EU-Parlament zustimmen.

EU-Parlament

Das *Europäische Parlament* (auch EP abgekürzt) wird direkt von den Bürgern der EU für fünf Jahre gewählt. Die Anzahl an Abgeordneten je Land orientiert sich an der Bevölkerungsstärke. Die wesentlichen Aufgaben sind die Mitwirkung an der Gesetzgebung, das Ausüben Demokratischer Kontrollrechte sowie die Genehmigung des EU-Haushalts. Die Plenarsitzungen des EP werden in Straßburg abgehalten.

Unterteilung des Europarechts

Das Recht der EU wird in Primärrecht und Sekundärrecht unterteilt:

Primärrecht

- Vertrag über die Europäische Union (EUV)
- Vertrag über die Arbeitsweise der Europäischen Union (AEUV)
- Charta der Grundrechte

Sekundärrecht

- Verordnungen
- Richtlinien
- Beschlüsse

In der Normenhierarchie steht das Primärrecht über dem Sekundärrecht.

Die EU ist rechtsfähig und besitzt eine eigene Rechtspersönlichkeit (Art. 47, 335 AEUV). Die EU ist keine reine Internationale Organisation, denn die EU verfügt über eigene Rechtsordnung und Organe und ihr sind weitreichende Hoheitsbefugnisse gegenüber den Mitgliedsstaaten übertragen (vgl. Art. 23 Abs. 1 GG). Bei der EU handelt es sich um eine sogenannte Supranationale Organisation.

Verhältnis des Europarechts zum deutschen Recht

Es gilt der Grundsatz: Anwendungsvorrang des Unionsrechts vor dem nationalen Recht.

Während im nationalen Recht der Geltungsvorrang herrscht (Geltungsvorrang des Bundesrechts gegenüber dem Landesrecht), gibt es im Verhältnis EU-Recht zum nationalen Recht den sogenannten Anwendungsvorrang.

Geltungsvorrang: die nachrangige Norm (z. B. Verordnung eines Bundeslandes) verliert auf Grund der Kollision bzw. des Nicht-Entsprechens mit einer vorrangigen Norm (z. B. Bundesgesetz) ihre Geltung

Anwendungsvorrang: eine nachrangige Norm (z. B. ein Gesetz eines Mitgliedsstaates der EU) darf zugunsten der vorrangigen Norm (z. B. EU-Verordnung) nicht angewendet werden.

Wie oben beschrieben, fallen unter das Sekundärrecht insbesondere Verordnungen, Richtlinien und Beschlüsse:

- Die Verordnung hat allgemeine Geltung. Sie ist in allen ihren Teilen verbindlich und gilt unmittelbar in jedem Mitgliedsstaat (Art. 288 Unterabsatz 2 AEUV)
- Die Richtlinie ist für jeden Mitgliedsstaat, an den sie gerichtet wird, hinsichtlich des zu erreichenden Ziels verbindlich, überlässt jedoch den innerstaatlichen Stellen die Wahl der Form und der Mittel (Art. 288 Unterabsatz 3 AEUV)
- Beschlüsse sind verbindlich und unmittelbar anwendbar für diejenigen, an die sie gerichtet sind (beispielsweise ein EU-Land oder ein einzelnes Unternehmen)

8.11 Test: Staatsrecht Einführung

WAS IST ZU TUN?

Im Folgenden werden dir Fragen zu den Grundbegriffen des Staatsrechts gestellt. Zu jeder Frage werden vier Antwortmöglichkeiten angegeben. Wähle die richtige Antwort bzw. die richtigen Antworten aus (es können auch mehrere Antworten richtig sein)!

1. Was bedeutet der Vorbehalt des Gesetzes?

   ☐ a) Eine Behörde darf ohne gesetzliche Grundlage handeln.

   ☐ b) Gesetze dürfen nicht vor Unterzeichnung durch den Bundespräsidenten angewendet werden.

   ☐ c) Eine Behörde darf nicht ohne das Gesetz handeln.

   ☐ d) Es gibt kein Gesetzerlass ohne Beteiligung des Bundesrates.

2. In welchem Fall ist der Grundsatz einer freien und geheimen Wahl gewahrt?

   ☐ a) Briefwahl

   ☐ b) Wahl in der Wahlkabine

   ☐ c) Wahl unter Aufsicht eines Verwaltungsmitarbeiters

   ☐ d) Der Grundsatz ist in jedem Fall gewahrt.

3. Welche Aussage ist zutreffend?

   ☐ a) Gesetze können vom Staat zwangsweise durchgesetzt werden.

   ☐ b) Gesetze dürfen nicht zwangsweise durchgesetzt werden.

   ☐ c) Behörden dürfen Gesetze stets nur mit vorheriger Zustimmung der Behördenleitung anwenden.

   ☐ d) Keine der Aussagen ist korrekt.

4. Wie ist ein Staatsvolk definiert?

☐ a) Alle Personen, die sich im Staatsgebiet befinden

☐ b) Alle Personen, welche in einen Staat einreisen

☐ c) Alle Personen mit Staatsbürgerschaft

☐ d) Keine der Aussagen ist korrekt.

5. Welche der Folgenden zählen zu den Voraussetzungen für einen Staat?

☐ a) Staatseingriffe

☐ b) Staatsgewalt

☐ c) Staatsvolk

☐ d) Staatsgebiet

6. Was definiert der Begriff "Recht"?

☐ a) Der Begriff definiert nur Gesetze, welche den Umgang der Behörde mit dem Bürger regeln.

☐ b) Der Begriff definiert nur Gesetze, welche den Behörden erlauben, in das Leben der Menschen einzugreifen.

☐ c) Der Begriff definiert sämtliche Gesetze, welche verbindliche Regeln für das menschliche Zusammenleben treffen.

☐ d) Der Begriff definiert ausschließlich Notstandsgesetze sowie die Verfassung.

7. Was bedeutet Rechtsstaatlichkeit in Hinblick auf das Verwaltungshandeln?

☐ a) Behörden dürfen Gesetze für ihren eigenen Zuständigkeitsbereich für Einzelfälle anpassen.

☐ b) Bürger können gerichtlichen Rechtsschutz gegen eine sie betreffende Anordnung einer Behörde erheben.

☐ c) Behörden handeln aufgrund einer gesetzlichen Ermächtigung.

☐ d) Landesbehörden leiten ihre Entscheidungen ausschließlich aus dem Landesrecht ab.

8. Wie kann das Staatsprinzip "Republik" umschrieben werden?

☐ a) "Nicht Monarchie"

☐ b) "Eigenstaatlichkeit der Bundesländer"

☐ c) "Ernennung auf Lebenszeit"

☐ d) "Hoheitsgewalt der Bundesländer"

9. Wie wird der Wahlrechtsgrundsatz "Gleichheit" definiert?

☐ a) Alle Stimmen werden gleich gewertet.

☐ b) Jeder darf wählen.

☐ c) Stimmabgabe in Wahlkreisen

☐ d) Jeder Wahlberechtigte hat die gleiche Anzahl an Stimmen.

10. Was bedeutet der Vorrang des Gesetzes?

☐ a) Eine Behörde darf nicht ohne Gesetz handeln.

☐ b) Eine Behörde darf auch ohne Rechtsgrundlage einschreiten.

☐ c) Eine Behörde darf nicht gegen das Gesetz handeln.

☐ d) Keine der Antworten ist korrekt.

8.12 Lösungen: Staatsrecht Einführung

Aufgabe	Lösung	Aufgabe	Lösung	Aufgabe	Lösung
1.	c)	2.	a), b)	3.	a)
4.	c)	5.	b), c), d)	6.	c)
7.	b), c)	8.	a)	9.	a), d)
10.	c)				

Lösungen der Auswahl-Fragen.

8.13 Test: Träger und Gliederung der öffentlichen Verwaltung in Deutschland

WAS IST ZU TUN?

Im Folgenden werden dir Fragen zu den Trägern sowie der Gliederung der öffentlichen Verwaltung gestellt. Zu jeder Frage werden vier Antwortmöglichkeiten angegeben. Wähle die richtige Antwort bzw. die richtigen Antworten aus (es können also auch mehrere Antworten richtig sein)!

1. Welche der Folgenden zählen zur unmittelbaren Staatsverwaltung?

   ☐ a) Bundesrepublik Deutschland

   ☐ b) Landeshauptstadt Stuttgart

   ☐ c) Freistaat Sachsen

   ☐ d) Land Berlin

2. Welche Aussage in Bezug auf die Ministerien in einem Bundesland ist zutreffend?

   ☐ a) Sie bilden die Obersten Landesbehörden.

   ☐ b) Die Zuständigkeit erstreckt sich über das gesamte Bundesland.

   ☐ c) Die Aufgabe ist der ortsnahe Verwaltungsvollzug.

   ☐ d) Die Aufgabe ist die Vorbereitung von Gesetzesvorhaben.

3. Welche Aussage in Bezug auf die Regierungen in einem Bundesland ist zutreffend?

   ☐ a) Sie bilden die Unterbehörden.

   ☐ b) Sie bilden die Obersten Landesbehörden.

   ☐ c) Sie nehmen zum Teil eigene Sachbearbeitung wahr.

   ☐ d) Sie koordinieren als Mittelbehörden die nachgegliederten Behörden.

4. Welche der folgenden Aufgaben kommt den Landratsämtern zu?

   - ☐ a) Verwaltungsvollzug vor Ort
   - ☐ b) Erlass von Satzungen und Verordnungen
   - ☐ c) Vorbereitung von Gesetzesvorhaben
   - ☐ d) Kontrolle der nachgegliederten staatlichen Behörden

5. Wie werden Juristische Personen unterschieden?

   - ☐ a) Juristische Personen des Staatsrechts und Juristische Personen der Unternehmen
   - ☐ b) Juristische Personen des Privatrechts und Juristische Personen des öffentlichen Rechts
   - ☐ c) Anstalten des Privatrechts und Körperschaften des öffentlichen Rechts
   - ☐ d) Juristische Personen der Staatsverwaltung und Juristische Personen der Kommunalen Verwaltung

6. Welche der folgenden Organisationen stellen Juristische Personen des öffentlichen Rechts dar?

   - ☐ a) Anstalten
   - ☐ b) Aktiengesellschaften
   - ☐ c) Zweckverbände
   - ☐ d) eingetragene Vereine (e. V.)

7. Welche der folgenden Beispiele stellen eine Juristische Person des öffentlichen Rechts dar?

   - ☐ a) Abwasserzweckverband Erding
   - ☐ b) Südwestdeutscher Rundfunk
   - ☐ c) Stadt Hamburg
   - ☐ d) Berliner Philharmoniker

8. Welche Eigenschaften zeichnen Juristische Personen aus?

- ☐ a) Es gibt ein Gremium für grundlegende Entscheidungen sowie eine Person, welche die laufende Geschäftsführung wahrnimmt.
- ☐ b) Es gibt ein Gremium, welches die laufende Geschäftsführung wahrnimmt, sowie eine Person, die alleinig die grundlegenden Entscheidungen trifft.
- ☐ c) Eine Person leitet die Organisation ohne Mitwirkung anderer.
- ☐ d) Keine der Antworten ist korrekt.

9. Welche der folgenden Organisationen stellen Körperschaften des öffentlichen Rechts dar?

- ☐ a) Landkreis München
- ☐ b) Hamburger-Museums-Stiftung
- ☐ c) Norddeutscher Rundfunk
- ☐ d) Stadt Köln

10. Was bedeutet der Begriff "Gebietskörperschaft"?

- ☐ a) Der Einflussbereich ist räumlich nicht abgegrenzt.
- ☐ b) Der Einflussbereich ist auf einen gewissen Teil des Staatsgebietes festgelegt.
- ☐ c) Die Gebietsversammlung befindet über grundlegende Entscheidungen.
- ☐ d) Keine der Antworten ist korrekt.

8.14 Lösungen: Träger und Gliederung der öffentlichen Verwaltung in Deutschland

Aufgabe	Lösung	Aufgabe	Lösung	Aufgabe	Lösung
1.	a), c), d)	2.	a), b), d)	3.	c), d)
4.	a), b)	5.	b)	6.	a), c)
7.	a), b), c), d)	8.	a)	9.	a), d)
10.	b)				

Lösungen der Auswahl-Fragen.

8.15 Test: Grundlagen der Verfassung sowie Kommunale Selbstverwaltung

Was bedeutet der Begriff "Gebietskörperschaft"?

1. Welche Aussage in Bezug auf die Grundrechte in Landesverfassungen (z. B. Bayerische Verfassung, Hessische Verfassung) ist zutreffend?

   ☐ a) Die Grundrechte in Landesverfassungen gelten neben den Grundrechten des Grundgesetzes.

   ☐ b) Im jeweiligen Bundesland gelten die Grundrechte der Landesverfassung anstelle der Grundrechte des Grundgesetzes.

   ☐ c) Das speziellere Recht der Landesverfassung gilt vorrangig gegenüber dem Grundgesetz. Selbst dann, wenn dadurch ein verfassungsmäßig garantiertes Recht eingeschränkt wird.

   ☐ d) Die Grundrechte einer Landesverfassung dürfen Freiheitsrechte weiter einschränken als die Grundrechte des Grundgesetzes.

2. Welche Aussage ist zutreffend?

   ☐ a) Die Europäische Menschenrechtskonvention (EMRK) ist als völkerrechtlicher Vertrag ein Teil des deutschen Rechts.

   ☐ b) Die Grundrechte-Charta der Europäischen Union legt die sog. Unionsgrundrechte fest und ist Teil des deutschen Rechts.

   ☐ c) Abgesehen von landesrechtlichen Bestimmungen existieren keine Grundrechte.

   ☐ d) Keine der Antworten ist korrekt.

3. Wie ist das gemeindliche Recht auf Selbstverwaltung definiert?

   ☐ a) Eine Gemeinde muss vor Entscheidungen des übergeordneten Landratsamtes angehört werden.

   ☐ b) Eine Gemeinde wird von der Landkreisverwaltung mitgeführt bzw. mitverwaltet.

   ☐ c) Eine Gemeinde verwaltet sich im Rahmen der Gesetze selbst und gestaltet eigene Angelegenheiten.

   ☐ d) Einer Gemeinde steht bei Entscheidungen im eigenen Wirkungskreis ein Ermessen zu.

4. Welche Rechtsmittel stehen einer Gemeinde offen, wenn sie sich durch staatliches Handeln in ihren Rechten verletzt fühlt?

☐ a) Popularklage

☐ b) Verfassungsbeschwerde

☐ c) Anklage vor dem Zivilgericht

☐ d) Der Gemeinde stehen keine Rechtsmittel offen.

5. Gegenüber welchen Personenkreisen gilt die Gemeindehoheit?

☐ a) Wohnbevölkerung

☐ b) Personen auf der Durchreise

☐ c) Urlaubern

☐ d) Keine der Antworten ist korrekt.

6. Was bedeutet die Verwaltungshoheit einer Gemeinde?

☐ a) Die Gemeinde erledigt anfallende Verwaltungsgeschäfte in eigener Verantwortung.

☐ b) Die Gemeinde lässt sich die eigenen Entscheidungen vor Auslauf durch die Landkreisverwaltung überprüfen.

☐ c) Das Landratsamt kann sich die Unterlagen der Gemeindeverwaltung einholen lassen.

☐ d) Die Gemeinde entscheidet sämtliche Angelegenheiten im Einvernehmen mit der zuständigen Regierung.

7. Was ist unter Rechtsetzungshoheit einer Gemeinde zu verstehen?

☐ a) Die Gemeinde entscheidet selbst, welche Satzungen sie erlässt.

☐ b) Die Gemeinde lässt sich Satzungen von der Bezirksregierung überprüfen.

☐ c) Die Landkreisverwaltung hat aufgrund der Satzungshoheit die Befugnis, Gemeinden Weisungen zu erteilen.

☐ d) Das Landratsamt kann anstelle der Gemeinde treten und in ihrem Namen Satzungen erlassen.

8. Was sind Grundrechte?

   ☐ a) Eingriffsbefugnisse des Staates gegenüber dem Bürger

   ☐ b) Abwehrrechte des Bürgers gegen den Staat

   ☐ c) Ermächtigungsgrundlagen für Verwaltungsbehörden

   ☐ d) Abwehrrechte der Bürger gegenüber anderen Privatpersonen

9. Wann kann ein Bürger Grundrechte geltend machen?

   ☐ a) Er kann sie geltend machen, wenn der Staat in seinen Lebensbereich eingreift.

   ☐ b) Er kann sie geltend machen, wenn ein anderer Bürger in seinen Lebensbereich eingreift.

   ☐ c) Er kann sie geltend machen, wenn ein Privatunternehmen in seinen Lebensbereich eingreift.

   ☐ d) Keine der Antworten ist korrekt.

10. In welchen Gesetzen finden sich Grundrechte?

   ☐ a) Europäische Menschenrechtskonvention (EMRK)

   ☐ b) Landesverfassungen

   ☐ c) Grundgesetz

   ☐ d) Grundrechte-Charta der Europäischen Union

8.16 Lösungen: Grundlagen der Verfassung sowie Kommunale Selbstverwaltung

Aufgabe	Lösung	Aufgabe	Lösung	Aufgabe	Lösung
1.	a)	2.	a)	3.	c), d)
4.	a), b)	5.	a), b), c)	6.	a)
7.	a)	8.	b)	9.	a)
10.	a), b), c), d)				

Lösungen der Auswahl-Fragen.

8.17 Test: Politik und Verwaltung

WAS IST ZU TUN?

Im Folgenden werden dir Fragen zur Lektion Politik und Verwaltung gestellt. Zu jeder Frage werden vier Antwortmöglichkeiten angegeben. Wähle die richtige Antwort bzw. die richtigen Antworten aus (es können also auch mehrere Antworten richtig sein)!

1. Welche Aussage in Bezug auf die EU-Kommission ist zutreffend?

   - ☐ a) Sie handelt im Sinn einzelstaatlicher Interessen.
   - ☐ b) Jeder Mitgliedsstaat ist mit einer Person in der EU-Kommission vertreten.
   - ☐ c) Der Sitz ist in Brüssel.
   - ☐ d) Die Kommission ist die Legislative der Europäischen Union.

2. Wie wird der Rat der Europäischen Union noch genannt?

   - ☐ a) Delegiertenrat
   - ☐ b) Ministerrat
   - ☐ c) Kanzlerrat
   - ☐ d) Kommissionsrat

3. Welche der folgenden Normen umfasst das Primärrecht als Recht der EU?

   - ☐ a) Vertrag über die Arbeitsweise der Europäischen Union (AEUV)
   - ☐ b) Sämtliche EU-Verordnungen
   - ☐ c) Beschlüsse der EU-Kommission
   - ☐ d) Vertrag über die Europäische Union (EUV)

4. Welche Aussage in Bezug auf die EU ist zutreffend?

   - ☐ a) Als supranationaler Organisation sind ihr weitreichende Hoheitsbefugnisse gegenüber den Mitgliedsstaaten übertragen.
   - ☐ b) Die EU ist eine rein internationale Organisation.
   - ☐ c) Die EU verfügt über eigene Rechtsorgane sowie eine eigene Rechtspersönlichkeit.
   - ☐ d) Die EU besitzt keine eigene Rechtspersönlichkeit; lediglich deren Mitgliedsstaaten.

5. Welche Aussage in Bezug auf das Verhältnis von EU-Recht zu nationalem Recht ist zutreffend?

   - ☐ a) Der Geltungsvorrang besagt, dass ein nachrangiges Landesgesetz aufgrund der höher angesiedelten Europäischen Rechtsnorm ihre Geltung verliert.
   - ☐ b) Der Anwendungsvorrang besagt, dass eine nachrangige Norm (z. B. Gesetz eines EU-Mitgliedsstaates) zugunsten der vorrangigen Norm (z. B. EU-Verordnung) nicht angewendet werden darf.
   - ☐ c) Der Geltungsvorrang besagt, dass eine Europäische Norm in einem Mitgliedsstaat nicht angewendet werden darf, wenn es in dem Mitgliedsstaat gegenteilige Vorschriften gibt.
   - ☐ d) Der Anwendungsvorrang besagt, dass das Europäische Recht nur mit Zustimmung der Europäischen Kommission angewendet werden darf.

6. Unter das Sekundärrecht fallen Verordnungen, Richtlinien und Beschlüsse – welche Aussage hierzu ist korrekt?

   - ☐ a) Eine Verordnung gilt unmittelbar in jedem Mitgliedsstaat.
   - ☐ b) Eine Richtlinie überlässt den innerstaatlichen Stellen die freie Form und Mittel der Durchsetzung und legt lediglich das Ziel fest.
   - ☐ c) Beschlüsse sind verbindlich und unmittelbar anwendbar für diejenigen, an die sie gerichtet sind.
   - ☐ d) Beschlüsse können an einen einzelnen Mitgliedsstaat oder ein einzelnes Unternehmen adressiert sein.

7. Welche Aufgaben übernimmt die Verwaltung eines Landkreises?

- ☐ a) Ausschließlich örtliche Angelegenheiten
- ☐ b) Überörtliche und örtliche Angelegenheiten
- ☐ c) Ausschließlich Staatsaufgaben
- ☐ d) Aufgaben, welche von den Kreisgemeinden an sie übertragen wurden

8. Welche Aussage trifft auf die Verwaltungsgemeinschaft zu?

- ☐ a) Die Verwaltungsgemeinschaft übernimmt die Rechtsperson der ihr angehörigen Gemeinden.
- ☐ b) Die Verwaltungsgemeinschaft kann Dienstherr von Beamten sein.
- ☐ c) Die Verwaltungsgemeinschaft übernimmt Verwaltungstätigkeiten für die Mitgliedsgemeinden.
- ☐ d) Die Verwaltungsgemeinschaft ist eine eigene Gebietskörperschaft.

9. Welche der folgenden Organisationen bzw. Juristischen Personen können Mitglied eines Zweckverbandes sein?

- ☐ a) Landkreise
- ☐ b) Unternehmen
- ☐ c) Gemeinden
- ☐ d) Keine der Antworten ist korrekt.

10. Was bedeutet kommunales Selbstverwaltungsrecht?

- ☐ a) Recht der Gemeinden, alle Angelegenheiten der örtlichen Gemeinschaft im Rahmen der Gesetze in eigener Verantwortung zu regeln.
- ☐ b) Recht der Gemeinden, Aufgaben des übertragenen Wirkungskreises an den Bezirk abzutreten.
- ☐ c) Recht der Gemeinden, eine Satzung zu erlassen, um ein örtliches Rechtsverhältnis zu regeln.
- ☐ d) Keine der Aussagen ist zutreffend.

11. In welchem Aufgabenkreis können einer Gemeinde Weisungen erteilt werden?

    ☐ a) Ausschließlich im eigenen Wirkungskreis

    ☐ b) Ausschließlich im übertragenen Wirkungskreis

    ☐ c) Sowohl im eigenen- als auch im übertragenen Wirkungskreis

    ☐ d) Keine der Antworten ist korrekt.

12. Welche der folgenden Aufgaben zählen für eine Gemeinde zum übertragenen Wirkungskreis?

    ☐ a) Errichtung eines Kinderspielplatzes

    ☐ b) Durchführung einer Landtagswahl

    ☐ c) Führung des Einwohnermeldewesens

    ☐ d) Errichtung eines Heimatmuseums

13. Welche der folgenden Punkte sind gemäß des Bürokratieansatzes von Max Weber Merkmale der Verwaltung?

    ☐ a) Arbeitsteilung

    ☐ b) Zusammenführung von Amt und Person

    ☐ c) Neutralität des Verwaltungshandelns

    ☐ d) Bindung an Gesetze

14. Welche Aussage zur direkten beziehungsweise repräsentativen Demokratie ist zutreffend?

    ☐ a) Die direkte Demokratie wird auch als unmittelbare Demokratie bezeichnet.

    ☐ b) In einer Repräsentativen Demokratie werden sämtliche politische Entscheidungen direkt durch das Volk selbst gewählt.

    ☐ c) In einer direkten Demokratie stimmt ein Volk direkt über politische Fragen ab.

    ☐ d) Keine der Aussagen ist zutreffend.

15. Welche ist die oberste, für die Verwaltung zuständige Behörde?

☐ a) Bundesverwaltungsamt

☐ b) Bundesinnenministerium

☐ c) Bundesjustizministerium

☐ d) Bundesverwaltungsrat

8.18 Lösungen: Politik und Verwaltung

Aufgabe	Lösung	Aufgabe	Lösung	Aufgabe	Lösung
1.	b), c)	2.	b)	3.	a), d)
4.	a), c)	5.	b)	6.	a), b), c), d)
7.	b)	8.	b), c)	9.	a), b), c)
10.	a), c)	11.	b)	12.	b), c)
13.	a), c), d)	14.	a), c)	15.	b)

Lösungen der Auswahl-Fragen.

9 Güterbeschaffung rechnergestützt vorbereiten

9.1 Marktarten/Marktformen

In der Marktwirtschaft wird überall dort vom "Markt" gesprochen, wo ein Angebot und eine Nachfrage zusammentreffen. Zudem wird der Markt geprägt vom Informationsaustausch zwischen Anbieter und Nachfrager, der Preisbildung und dem Zugang zum Markt für Anbieter und bzw. oder Nachfrager. Die Unterschiede der Marktarten, Marktformen und Markttypen werden durch verschiedene Aspekte festgelegt. Die Gesamtheit der Märkte wird wiederum als Marktwirtschaft bezeichnet.

Welche Marktarten gibt es und wonach werden sie unterschieden?

1. Vollkommenheit der Märkte

Als vollkommener oder homogener Markt wird ein Modell bezeichnet, das in der Realität grundlegend nicht vorkommt. Bei dem Modell wird vorausgesetzt, dass ein Markt als vollkommen anzusehen ist, wenn er

- vollständige Konkurrenz (Polypol),
- volle Transparenz (Übersicht über den Markt),
- sofortige Reaktionen auf Veränderungen am Markt (z.B. in Bezug auf die Preisentwicklung),
- vollständige Akzeptanz durch den Nachfrager (fehlende Präferenz, Ausgangspunkt von gleichen Bedürfnisse) und
- keine Qualitätsunterschiede bei den Gütern (homogene Güter)

aufweist.

In der Realität sind jedoch alle Märkte sogenannte "unvollkommene Märkte", was bedeutet, dass ein Markt nicht alle Aspekte durchgängig bedienen kann. So fehlt beispielsweise die vollständige Akzeptanz der Nachfrager, weil jeder Konsument / Käufer eigene Vorlieben und Bedürfnisse besitzt. Zudem gibt es bei den Gütern stets Qualitätsunterschiede, wodurch das Angebot keine homogenen Güter aufweist.

2. Marktarten nach räumlichen Aspekten

Nach räumlichen Aspekten werden Märkte unterschieden, die sich auf festgelegte Bereiche beschränken. Dies kann je nach Zuordnung eine Stadt, ein Land oder die ganze Welt betreffen.

- Kommunaler Markt (eine Kommune/Stadt, z.B. Hamburg)
- Regionalmarkt (eine bestimmte Region, z.B. Westerwald, Bundesland)
- Nationalmarkt (auf ein Land beschränkt, z.B. Deutschland)
- Supranationaler Markt (z.B. EU-Binnenmark, ausschließlich innerhalb der Europäischen Union)
- Globaler Markt (die ganze Erde)

3. Marktarten nach zeitlicher Begrenzung

Manche Marktarten finden nur zu bestimmten Zeiten statt oder sind an bestimmte zeitliche Voraussetzungen geknüpft. Hierzu zählen

- der Wochenmarkt
- der Saisonmarkt (Herbstmarkt, Frühlingsfest mit Markt)
- der Jahrmarkt (z.B. Kirmes)

4. Marktarten mit räumlichen und zeitlichen Aspekten

Manche Märkte sind von speziellen Orten und Zeiten abhängig, um Angebot und Nachfrage zusammenzubringen. Sie werden als zentralisierte Märkte bezeichnet. Hierzu zählen z.B. Auktionen oder die Börse.

Dezentralisierte Märkte bezeichnen im Gegenzug dazu Märkte, bei denen Angebot und Nachfrage weder zeitlich noch räumlich aneinander treffen. Hierzu zählen der Lebensmittelmarkt oder der Textilmarkt.

Markttypen

Während sich Marktarten über den Ort und die Zeit unterscheiden lassen, zu denen Angebot und Nachfrage zusammenkommen, unterscheiden sich Markttypen entsprechend den Möglichkeiten von Angebot und Nachfrage bzw. Anbieter und Nachfrager.

1. Markttypen nach Zugangsmöglichkeit für Anbieter und Nachfrager

Markttypen können als offene oder geschlossene Märkte Angebot und Nachfrage zusammenbringen. Auf einem offenen Markt kann jeder als Nachfrager oder Anbieter auftreten. Ein geschlossener Markt richtet sich ausschließlich an spezielle Nachfrager und / oder Anbieter, die festgelegte Voraussetzungen erfüllen.

2. Markttypen nach Beeinflussung durch den Staat

Märkte, bei denen der Handel ohne Eingriff des Staates erfolgen, werden als freie Märkte bezeichnet. Das bedeutet, dass der Markt ohne Einflüsse selbst im Rahmen von Angebot und Nachfrage Handel treiben darf. Übernimmt der Staat eine Regulierung von Angebot und Nachfrage, wird von regulierten Märkten gesprochen. Dies kann beispielsweise durch Gesetze für Höchstpreisgrenzen oder die Begrenzung von Mengen geschehen.

3. Markttypen nach Art des Angebotes

Richtet sich die Unterscheidung von Markttypen nach der Art des Angebotes, handelt es sich um den umgrenzten Handel für eine Art / Gruppe von Sachgütern oder Leistungen.

Beispiele für Markttypen nach Angebot:

- Warenmarkt mit Sachgütern
- Grundstücksmarkt (Markt mit Grundstücken)
- Arbeitsmarkt (Arbeitskräfte und Arbeitgeber als sowohl Anbieter als auch Nachfrager)
- Dienstleistungsmarkt (z.B. Handwerk, IT u.a.)
- Gesundheitsmarkt (Arztpraxen, Apotheken oder Sanitätshäuser sowie Patienten als Anbieter bzw. Nachfrager)
- Kreditmarkt (Handel mit Geldmitteln, kurzfristig und langfristig)

Marktformen

Marktformen unterscheiden sich nach der Anzahl von Anbietern und Nachfragern als Marktteilnehmer. Das Verhältnis zwischen Anbietern und Nachfragern zeigt die Marktmacht, mit welcher Anbieter bzw. Nachfrager Einfluss auf das Marktgeschehen nehmen. Dieser Einfluss prägt unter anderem den Preis. Die Hauptarten der Marktformen sind das Monopol, das Oligopol und das Polypol.

Monopol

Das Monopol stellt einen Anbieter, der alleine das Angebot für viele Nachfrager bietet. Gibt es weniger Nachfrager zu den Waren / Dienstleistungen eines einzelnen Anbieters, spricht man von einem beschränkten Monopol. Besteht bei einem Anbieter auf dem Markt zudem nur ein Nachfrager, entsteht ein zweiseitiges Monopol.

Oligopol

Stehen wenige Anbieter vielen Nachfragern auf dem Markt zur Verfügung, wird die Marktform Oligopol genannt. Besteht der Markt aus wenigen Nachfragern, die durch wenige Anbieter beliefert werden, liegt ein zweiseitiges Oligopol vor. Ist nur ein Nachfrager vorhanden, der zwischen wenigen Anbietern wählen kann, wird die Marktform als beschränktes Nachfragemonopol bezeichnet.

Polypol

Die verbreitetste Variante unter den Marktformen ist das Polypol. Das Polypol steht in der Marktwirtschaft dabei immer im Sinn der umfassenden Konkurrenz. Dabei stehen viele Nachfrager am Markt einer großen Anzahl von Anbietern gegenüber. Stellen viele Anbieter das Angebot für wenige Nachfrager zur Verfügung, wird dies Nachfrageoligopol oder Oligopson genannt. Haben viele Anbieter das Angebot für einen einzelnen Nachfrager, heißt die Marktform Nachfragemonopol oder Monopson.

9.2 Warenwirtschaftssysteme

Was ist ein Warenwirtschaftssystem?

Unter einem Warenwirtschaftssystem, auch Warenwirtschaft (abgekürzt WaWi oder WWS) genannt, versteht man ein computergestütztes Verfahren zur Erfassung und zielorientierten Verarbeitung von Warenbestands- und Bewegungsdaten, das der Steuerung & Kontrolle des Warenflusses dient.

Was sind die Aufgaben eines Warenwirtschaftssystems?

Zu den grundlegenden Aufgaben eines Warenwirtschaftssystems gehören die Steuerung des Warenflusses, die Erfassung und Bereitstellung von waren- und kundenbezogenen Daten, die Rechnungslegung, Inventur und Statistiken.
Was sind die Anforderungen an ein Warenwirtschaftssystem?
Die Anforderungen sind direkt mit der Zielsetzung verbunden. Es sollen nicht nur die physischen Datenströme und Warenbestände erfasst werden, sondern alle Abteilungen jederzeit die Möglichkeit haben, auf sämtliche Bereiche zuzugreifen. So entsteht eine Art Organismus, der mit der Zeit wächst.

Was sind die Vorteile?

Das Warenwirtschaftssystem bietet dem Unternehmen vielerlei Vorteile. Grundsätzlich kann man folgende Vorteile in wesentlichen Punkten zusammenfassen.

- Zeitersparnis
- Angebote, Aufträge und Rechnungen einheitlich aus einem Programm
- Zentraler Zugriff auf Informationen (für Produkte, Preise, Lieferanten etc.)
- Kundendaten auf Abruf
- Exakte Datenauswertung (Wareneingang, Verderb, Verkauf, Lager etc.)

Ein weiterer Vorteil ist, dass die Daten im System ordentlich gepflegt werden können. Es entstehen keine vielen Excel-Tabellen, welche die Darstellung der Daten verzerren könnten. Darüber hinaus sind alle Daten an einer zentralen Stelle vorhanden, was sehr viel Zeit einsparen kann.

Schließlich ermöglicht ein Warenwirtschaftssystem alle Daten auszuwerten. So kann von der Geschäftsführung überprüft werden, ob die Ziele erreicht worden sind und wie hoch der Gewinn der vergangenen Periode war. Mit all diesen Vorteilen kann jedes Unternehmen die Warenwirtschaft effizient steuern.

9.3 Angebot und Nachfrage

Das Prinzip von Angebot und Nachfrage besteht darin, dass Produkte und Dienstleistungen nur dann bereitgestellt werden, wenn jemand bereit ist, sie zu kaufen. Mit Übungen und Aufgaben kannst du dich auf die Prüfung vorbereiten.

Angebot und Nachfrage einfach erklärt

In der schriftlichen und der mündlichen Abschlussprüfung kann eine Erklärung zu Angebot und Nachfrage gefordert werden. Zu den Aufgaben gehört häufig ein Fall, in dem eine gesellschaftliche Entwicklung aufgezeigt und anschließend gefragt wird, welche Auswirkungen diese Entwicklung auf das Angebot und/oder die Nachfrage nach einem bestimmten Produkt oder einer Dienstleistung hat.

Definition von Angebot und Nachfrage

Für die Prüfung solltest du die Definition von Angebot und Nachfrage kennen.

Das ist die **Definition für das Angebot:**
Das Angebot ist die Menge der vorhandenen Güter und Dienstleistungen am Markt.

Ein Beispiel für das Angebot können die Produkte oder Dienstleistungen deines Unternehmens, in dem du beschäftigt bist, sein.

Die **Definition der Nachfrage** lautet:
Die Nachfrage ist die Absicht von Unternehmen oder Privatpersonen, diese Güter und Dienstleistungen gegen Geld oder im Tausch gegen andere Waren zu erwerben.

Angebot, Nachfrage und Preis

In der freien Marktwirtschaft regeln die Nachfragen den Gleichgewichtspreis, der sich bei einer Übereinstimmung von Angebot und Nachfrage einstellt. In der Regel ist jedes Produkt und jede Dienstleistung, die ihren Preis hat, nur begrenzt verfügbar. Der Wert eines Gutes oder einer Dienstleistung wird durch den Preis bestimmt. Ist der Preis zu hoch, sinkt die Nachfrage nach einem Gut. Eine Ausnahme bilden Luxusgüter, da sie als Statussymbole dienen und die Nachfrage bei einem hohen Preis sogar noch steigen kann.

Das Zusammenspiel von Angebot und Nachfrage

In der schriftlichen, aber auch in der mündlichen Abschlussprüfung kommt es auf das Verständnis von Angebot und Nachfrage an. Du musst daher das Zusammenspiel der beiden Faktoren erläutern und möglichst mit einem Beispiel untermauern. Angebot und Nachfrage beeinflussen sich gegenseitig und wirken sich auch auf die Preise aus. Steigt die angebotene Menge und bleibt die Nachfrage gleich, sinkt der Preis. Sinkt das Angebot und ist die Nachfrage gleichbleibend, steigt der Preis.

Faktoren, die sich auf die Nachfrage auswirken

Zu den Aufgaben zu Angebot und Nachfrage kann die Nennung der Faktoren gehören, die sich darauf auswirken. Du solltest dich daher mit diesen Faktoren in den Übungen beschäftigen.
Die Nachfrage kann durch verschiedene Faktoren beeinflusst werden:

- Preis des nachgefragten Gutes, beispielsweise Preis für weiße Sneaker
- Preis der anderen angebotenen Güter, z. B. Preise für alle anderen Schuhe im Laden
- Einkommen der Käufer (Käufer mit niedrigem, mittlerem und hohem Einkommen)
- Struktur der Bedürfnisse und Zukunftserwartungen der Käufer (Käufer mit niedrigem Einkommen, die sich preiswerte Schuhe wünschen, stehen Käufern mit höherem Einkommen gegenüber, die bereit sind, für qualitativ hochwertige und modische Schuhe mehr Geld auszugeben
- Kreditmöglichkeiten und Kreditvermögen der Käufer (Möglichkeit, einen Bankkredit aufzunehmen, abhängig von der Bonität)

Faktoren, die sich auf das Angebot auswirken

Auch das Angebot wird von verschiedenen Faktoren beeinflusst, die du bei der Prüfung kennen solltest:

- Zahl der Hersteller oder Verkäufer
- Preis als maßgeblicher Bestimmungsfaktor
- Herstellungskosten und zusätzliche Steuern
- Technologie, die sich auf die Kosten auswirkt
- Preise anderer Waren

9.4 Test: Volkswirtschaftliche Grundlagen für die öffentliche Verwaltung

WAS IST ZU TUN?

Teste hier dein Wissen zum Thema Preisbildung, je Frage gibt es eine richtige Antwort.

1. Die neue Kollektion Jeans verkauft sich so gut, dass der steigenden Nachfrage nicht nachgekommen

   werden kann. Mit welcher Preispolitik kann der Hersteller reagieren?

   ☐ a) Die Preise werden reduziert.

   ☐ b) Die Preise bleiben gleich.

   ☐ c) Die Preise werden erhöht.

   ☐ d) Die Jeans werden aus dem Handel genommen.

2. Welches der folgenden Dinge ist ein menschliches Grundbedürfnis?

   ☐ a) Trinken

   ☐ b) Arbeit

   ☐ c) Internet

   ☐ d) Schlaf

3. Warum kann die Nachfrage nach Luxusgütern steigen, wenn der Preis steigt?

   ☐ a) Da sich Luxusgüter schlecht verkaufen.

   ☐ b) Da es sich bei Luxusgütern um Statussymbole handelt.

   ☐ c) Da die Nachfrage nach Luxusgütern groß ist.

   ☐ d) Da die Nachfrage nach Luxusgütern nur gering ist.

4. Da die Orangenernte schlecht ausfiel, werden die Preise für Orangen erhöht. Wie wirkt sich das auf

   die Nachfrage aus?

   ☐ a) Die Nachfrage geht zurück.

   ☐ b) Die Nachfrage bleibt gleich.

   ☐ c) Die Nachfrage wird nicht beeinflusst.

   ☐ d) Die Nachfrage steigt.

5. Die Kaffee-Ernte fiel aufgrund schlechter Witterungsbedingungen außerordentlich schlecht aus. Wie

   wirkt sich das auf den Kaffeepreis aus?

   ☐ a) Der Kaffeepreis fällt.

   ☐ b) Der Kaffeepreis bleibt gleich.

   ☐ c) Der Kaffeepreis steigt.

   ☐ d) Der Kaffeepreis wird nicht beeinflusst.

6. Wie wirkt sich ein Rückgang der Nachfrage bei gleichbleibendem Angebot auf den Preis aus?

   ☐ a) Der Preis bleibt gleich.

   ☐ b) Der Preis wird durch den Rückgang der Nachfrage nicht beeinflusst.

   ☐ c) Der Preis steigt.

   ☐ d) Der Preis sinkt.

7. Wie wirkt sich ein steigendes Angebot bei gleichbleibender Nachfrage auf den Preis aus?

   ☐ a) Der Preis sinkt.

   ☐ b) Der Preis bleibt gleich.

   ☐ c) Der Preis steigt.

   ☐ d) Das Angebot hat keinen Einfluss auf den Preis.

8. Wie kann sich eine Preiserhöhung bei Regenjacken (mittleres Preissegment) auswirken?

   ☐ a) Die Nachfrage steigt.

   ☐ b) Die Nachfrage geht zurück.

   ☐ c) Das Angebot wird vergrößert.

   ☐ d) Die Nachfrage bleibt gleich.

9. Wie kann sich eine Preiserhöhung bei Handtaschen aus dem Luxussegment auswirken?

   ☐ a) Die Nachfrage bleibt gleich.

   ☐ b) Die Nachfrage geht zurück.

   ☐ c) Die Nachfrage steigt.

   ☐ d) Das Angebot steigt.

10. Wie wirkt sich eine Monopolstellung eines Unternehmens auf ein Angebot aus?

    ☐ a) Das Angebot ist groß.

    ☐ b) Das Angebot ist begrenzt.

    ☐ c) Die Monopolstellung hat keinen Einfluss.

    ☐ d) Das Angebot wird erweitert.

11. Da sich die neue Kollektion an Damenblusen nicht gut verkauft, muss der Handel reagieren. Wie reagiert er?

    ☐ a) Die Preise werden reduziert.

    ☐ b) Die Preise werden erhöht.

    ☐ c) Die Preise bleiben gleich.

    ☐ d) Das Angebot wird vergrößert.

12. Die neue Kollektion an Damenblusen einer Modemarke wird nicht so gut wie erwartet angenommen.

    Welcher Sachverhalt liegt vor?

    ☐ a) Angebot und Nachfrage sind gleich.

    ☐ b) Der Preis ist zu niedrig.

    ☐ c) Das Angebot ist größer als die Nachfrage.

    ☐ d) Die Nachfrage ist größer als das Angebot.

13. Bei welcher Aussage handelt es sich um ein Angebot?

    ☐ a) Julian bietet Kuchen zum Verkauf an, um sein Taschengeld aufzubessern.

    ☐ b) Julian kauft sich von seinem Taschengeld ein Stück Kuchen.

    ☐ c) Julian überlegt, ob er sein Taschengeld mit dem Verkauf von Kuchen aufbessern kann.

    ☐ d) Julian würde gerne ein Stück Kuchen kaufen, doch sein Taschengeld reicht nicht.

14. In welchem Fall handelt es sich um eine Nachfrage?

    ☐ a) Lena würde gerne ein Stück Kuchen essen und könnte es sich von ihrem Taschengeld kaufen.

    ☐ b) Lena würde gerne ein Stück Kuchen essen, doch reicht ihr Taschengeld nicht aus.

    ☐ c) Lena bietet Kuchen zum Verkauf an.

    ☐ d) Lena kauft sich von ihrem Taschengeld ein Stück Kuchen.

15. Leon und Markus wollen sich weiße Sneaker kaufen. Nur Leon bekommt welche, während Markus leer ausgeht. Welche Aussage trifft auf diesen Sachverhalt zu?

    ☐ a) Das Angebot ist größer als die Nachfrage.

    ☐ b) Die Nachfrage ist größer als das Angebot.

    ☐ c) Angebot und Nachfrage stimmen überein.

    ☐ d) Angebot und Nachfrage spielen keine Rolle.

16. Wo treffen Angebot und Nachfrage zusammen?

    ☐ a) im Bedarf

    ☐ b) im Unternehmen

    ☐ c) im Bedürfnis

    ☐ d) auf dem Markt

17. Was ist ein Bedürfnis?

    ☐ a) ein Mangel an Bedarf

    ☐ b) ein Mangel an Nachfrage

    ☐ c) ein Mangelempfinden, das es zu überwinden gilt

    ☐ d) der Bedarf eines Menschen

18. Wovon hängt die Nachfrage nach einem Gut ab?

    ☐ a) vom Angebot der verfügbaren Güter

    ☐ b) vom Preis des nachgefragten Gutes

    ☐ c) von den verfügbaren Luxusgütern, die mit dem nachgefragten Gut vergleichbar sind

19. Welche der folgenden Aussagen ist richtig?

- ☐ a) Bedarf ist ein Bedürfnis, das mit Kaufkraft ausgestattet ist.
- ☐ b) Bei der Nachfrage handelt es sich um Bedürfnisse, für deren Befriedigung Geld vorhanden ist.
- ☐ c) Der Bedarf ist stets größer als die Bedürfnisse.
- ☐ d) Angebot und Nachfrage müssen stets übereinstimmen.

20. Welches Beispiel kennzeichnet ein Individualbedürfnis?

- ☐ a) Krankenpflege in Krankenhäusern
- ☐ b) Bildung in den Schulen
- ☐ c) Sicherheit durch Ordnungskräfte
- ☐ d) die eigene berufliche Karriere
- ☐ e) Erholung in Freizeiteinrichtungen

9.5 Lösungen: Volkswirtschaftliche Grundlagen für die öffentliche Verwaltung

Aufgabe	Lösung	Aufgabe	Lösung	Aufgabe	Lösung
1.	c)	2.	a), d)	3.	b)
4.	a)	5.	c)	6.	d)
7.	a)	8.	b)	9.	c)
10.	b)	11.	a)	12.	c)
13.	a)	14.	d)	15.	b)
16.	d)	17.	c)	18.	b)
19.	a)	20.	d)		

Lösungen der Auswahl-Fragen.

10 Verträge schließen und erfüllen

10.1 Rechtsfähigkeit - Grundwissen für die Verwaltung

Die Rechtsfähigkeit kann ein Thema der Abschlussprüfung sein. Du solltest die Definition kennen und den Begriff erläutern können. Weiterhin solltest du den Unterschied zwischen Rechtsfähigkeit und Geschäftsfähigkeit erklären können. Mit verschiedenen Übungen in diesem Kurs kannst du dich auf die Aufgaben vorbereiten.

Rechtsfähigkeit einfach erklärt

In der mündlichen Prüfung kann die Definition der Rechtsfähigkeit gefordert werden. Sie lautet folgendermaßen: Rechtsfähigkeit bedeutet, dass eine natürliche Person Träger von Rechten und Pflichten ist. Die Rechtsfähigkeit beginnt mit der Vollendung der Geburt und endet mit dem Tod.

Beispiele für die Rechtsfähigkeit

Sowohl in der schriftlichen als auch in der mündlichen Abschlussprüfung kann ein Beispiel für die Rechtsfähigkeit gefordert werden. Gegebenenfalls ist die Rechtsfähigkeit in der schriftlichen Abschlussklausur zu prüfen. Du musst zeigen, dass du die Definition und den Sachverhalt verstanden hast. Wer rechtsfähig ist, hat Rechte, beispielsweise das Recht auf Eigentum. Wer Rechte hat, der hat auch Pflichten, beispielsweise die Pflicht, Steuern zu zahlen.

Unterschied zwischen Rechtsfähigkeit und Geschäftsfähigkeit

Zwischen Rechtsfähigkeit und Geschäftsfähigkeit gibt es eine Abgrenzung. In der Prüfung musst du die Erklärung dafür kennen. Anhand von Übungen kannst du dich bereits darauf vorbereiten, wie du diese Abgrenzung am besten erläuterst.
Im Gegensatz zur Rechtsfähigkeit ist die Geschäftsfähigkeit die Fähigkeit, rechtsgeschäftliche Erklärungen wirksam abzuschließen und entgegenzunehmen. Bei der Rechtsfähigkeit natürlicher Personen gibt es keine Stufen, während bei der Geschäftsfähigkeit drei Stufen unterschieden werden:

- Geschäftsunfähigkeit bei Personen bis zum vollendeten 7. Lebensjahr
- Beschränkte Geschäftsfähigkeit bei Personen ab dem vollendeten 7. bis zum vollendeten 18. Lebensjahr
- Unbeschränkte Geschäftsfähigkeit bei Personen ab dem vollendeten 18. Lebensjahr

Rechtsfähigkeit bei juristischen Personen

Bei der Rechtsfähigkeit werden natürliche und juristische Personen unterschieden. Zu den Aufgaben bei der Prüfung gehört, dass du die Unterschiede erläutern kannst.

Zu den natürlichen Personen gehören grundsätzlich alle Menschen.
Bei juristischen Personen wird zwischen Personen des Privatrechts und des öffentlichen Rechts unterschieden. Personen des Privatrechts sind

- GmbH
- Aktiengesellschaften
- Vereine
- Stiftungen.

Die Rechtsfähigkeit für juristische Personen des öffentlichen Rechts gilt mit der Eintragung in ein öffentliches Register.
Juristische Personen des öffentlichen Rechts sind beispielsweise der Staat, Länder und Gemeinden, Körperschaften des öffentlichen Rechts wie die IHK, aber auch öffentlich-rechtliche Stiftungen. Bei juristischen Personen des öffentlichen Rechts beginnt die Rechtsfähigkeit mit der Verleihung (beispielsweise bei einer IHK) oder der Genehmigung (bei einer öffentlich-rechtlichen Stiftung) der Rechtsfähigkeit.
Grundsätzlich reicht die Rechtsfähigkeit juristischer Personen nicht so weit wie die Rechtsfähigkeit natürlicher Personen. Eine juristische Person kann sich nicht auf Rechte und Rechtsstellungen berufen, die eine menschliche Natur voraussetzen (beispielsweise Familienrecht).

Ende der Rechtsfähigkeit

Bei einer natürlichen Person endet die Rechtsfähigkeit mit dem Tod. Die Rechtsfähigkeit bei juristischen Personen des Privatrechts endet, wenn eine Löschung aus dem Register erfolgt. Bei juristischen Personen des öffentlichen Rechts endet die Rechtsfähigkeit mit dem Entzug der staatlichen Verleihung oder der Aufhebung der Genehmigung.

10.2 Willenserklärung

Die Willenserklärung ist für das Zustandekommen von Rechtsgeschäften notwendig. Es wird zwischen einseitigen und zweiseitigen Rechtsgeschäften unterschieden:

Beispiel für ein einseitiges Rechtsgeschäft: du schreibst dein Testament. Dem muss niemand anderes zustimmen, das heißt, es ist allein aufgrund deiner Willenserklärung wirksam.

Beispiel für ein zweiseitiges Rechtsgeschäft: du kaufst auf dem Markt ein Kilo Äpfel. Dafür musst du die Erklärung abgeben, dass du den Kauf tätigen möchtest. Es muss aber auch der Verkäufer bestätigen, dass er dir tatsächlich diese Äpfel verkaufen möchte.

In jedem der Beispiele werden Willenserklärungen abgegeben. Sie müssen wirksam sein, damit das Rechtsgeschäft selbst wirksam ist.

Definition: Die Willenserklärung ist eine Äußerung, die unmittelbar auf die Herbeiführung eines bestimmten rechtsgeschäftlichen Erfolgs gerichtet ist.

Der gewünschte Erfolg, der herbeigeführt werden soll, ist in der Regel der Abschluss eines Rechtsgeschäfts. Im Falle eines Vertrages (also eines zweiseitigen Rechtsgeschäfts) werden die Willenserklärungen als "Angebot" und "Annahme" bezeichnet.

Aus welchen Elementen besteht eine Willenserklärung?

Die Willenserklärung besteht aus einem subjektiven und einem objektiven Tatbestand.

Der objektive Teil ist das Erklärungsverhalten, das nach außen hervortritt und für andere Menschen erkennbar ist – so zum Beispiel das Gesagte oder entsprechende Handlungen.

Der subjektive Bestandteil ist der Wille, den die erklärende Person bildet.

Der objektive Bestandteil der Willenserklärung

Der objektive Bestandteil muss deutlich machen, dass die erklärende Person den Abschluss eines Rechtsgeschäfts wünscht und welchen Inhalt dieses Rechtsgeschäft haben soll.

<u>Beispiel:</u> Du möchtest ein Kilo Äpfel kaufen. Um erfolgreich einen Kaufvertrag abzuschließen, musst du dem Verkäufer sowohl deine Kaufabsicht, als auch den genauen Inhalt deiner Willenserklärung (Produkt: Äpfel, Menge: ein Kilo) verdeutlichen.

Ein besonderes Formerfordernis besteht für den objektiven Bestandteil einer Willenserklärung grundsätzlich nicht. Das bedeutet, dass die Erklärung schriftlich, mündlich oder sogar nonverbal – konkludent – abgegeben werden kann. Es genügt jedes menschliche Verhalten, das den konkreten Geschäftswillen erkennen lässt. Bestimmte Vorschriften des BGB sehen hierzu jedoch Ausnahmen vor.

Im Alltag abgegebene Erklärungen werden nicht immer deutlich formuliert. Deshalb ist der objektive Bestandteil einer Willenserklärung gegebenenfalls nach § 133 BGB (bzw. nach § 157 BGB im Falle eines zweiseitigen Rechtsgeschäfts) auszulegen. Bei der Auslegung geht es darum, den tatsächlichen Willen der erklärenden Person zu ermitteln.

Der subjektive Bestandteil einer Willenserklärung

Der subjektive Teil der Willenserklärung hat verschiedene Schichten, aus denen sich der Wille der erklärenden Person zusammensetzt. Es wird zwischen den drei Willenselementen unterschieden:

- Handlungswille
- Erklärungswille und
- Geschäftswille.

Handlungswille

Der Handlungswille ist der grundlegende Wille einer Person, sich überhaupt äußerlich wahrnehmbar zu verhalten.

Beispiel: Du hebst bei einer Auktion die Hand, um ein Gebot auf ein Objekt abzugeben.

Gegenbeispiel: Du bewegst deine Hand im Schlaf. Dabei handelt es sich nicht um eine bewusste Bewegung; dir fehlt also schon der Handlungswille.

Erklärungswille

Mit Erklärungswillen handelt eine Person, die sich nicht nur auf eine bestimmte Weise verhalten möchte, sondern damit auch tatsächlich rechtserheblich handeln will.

Beispiel: Du hebst bei einer Auktion die Hand, um ein Gebot auf ein Objekt abzugeben.

Gegenbeispiel: Du bist auf einer Auktion und hebst deine Hand, möchtest aber gar nicht bieten, sondern deinem Freund zuwinken, der gerade reingekommen ist. In dem Fall hast du zwar willentlich deine Hand bewegt, wolltest aber damit keine Erklärung abgeben. Du hast mit Handlungswillen, aber ohne Erklärungswillen gehandelt.

Geschäftswille

Der Geschäftswille liegt vor, wenn eine Erklärung oder ein Verhalten eine ganz bestimmte Rechtsfolge herbeiführen soll. Er enthält notwendigerweise den Erklärungswillen und geht noch darüber hinaus.

Beispiel: Du verkaufst ein Produkt im Internet, stellst aber versehentlich den Preis "50 Euro" statt "500 Euro" ein. Du hast Handlungswillen, Erklärungswillen und grundsätzlich auch Geschäftswillen, da du an sich einen Verkauf abschließen möchtest. Jedoch ist der Geschäftswille – der genaue Inhalt des Rechtsgeschäfts – nicht richtig zum Ausdruck gekommen.

Ist der Geschäftswille nicht vorhanden oder fehlerhaft, ist die Willenserklärung wirksam. Sie kann aber nach §§ 119 ff. BGB angefochten werden.

10.3 Erfüllungsstörungen - Einführung in das Leistungsstörungsrecht

Überblick zu den Pflichtverletzungen

Aufgrund eines Schuldverhältnisses ergeben sich Rechte und Pflichten für beide Vertragsparteien. Gemäß § 241 Abs. 1 BGB ist der Gläubiger berechtigt, von dem Schuldner eine Leistung zu fordern. Den Schuldner trifft damit eine Leistungspflicht. Bei den Leistungspflichten wird zwischen Hauptleistungspflichten (z. B. Lieferpflicht nach § 433 Abs. 1 oder Zahlungspflicht nach § 433 Abs. 2) und Nebenleistungspflichten (z. B. Abnahmepflicht nach § 433 Abs. 2) unterschieden. Die Verletzung von Leistungspflichten umfasst sowohl Haupt- als auch Nebenleistungen.

Blicken wir auf die verschiedenen Arten von Pflichtverletzungen:

Verzögerung der Leistung (= nicht rechtzeitige Erfüllung einer möglichen, einredefreien Leistung)

Häufig: Verzug (§ 286 BGB)

Dauerhaftes Leistungshindernis (= Nichterfüllbarkeit auf Dauer)

Häufig: Unmöglichkeit (§ 275 Abs. 1 BGB)

Mangelnde Rücksichtnahme (= nicht leistungsbezogene Pflichtverletzung i. S. v. § 241 Abs. 2 BGB)

Hauptfall: Verletzung von Rechtsgütern

Nicht vertragsgemäße Leistung (= Schlechtleistung)

Hauptfall: Sachmangel (§ 437 BGB)

10.4 Technik der Rechtsanwendung

Bei der Technik der Rechtsanwendung sprechen wir auch von der Subsumtionstechnik. Das Ziel ist es, eine Rechtsnorm auf einen konkreten Einzelfall anzuwenden. Das Gesetz beinhaltet ausschließlich Normen, welche für eine Vielzahl von Einzelfällen angewandt werden müssen. Die Aufgabe qualifizierter Sachbearbeiter in Verwaltungsbehörden ist es daher, das Recht korrekt auf einen einzelnen Fall anzuwenden. Sehen wir uns an, wie die Technik der Rechtsanwendung funktioniert:

1. Schritt: Norm und Interpretation

Bevor wir uns über Tatbestandsmerkmale und Rechtsfolgen Gedanken machen, müssen wir die für den Fall einschlägige Rechtsnorm finden und benennen. Dies ist der erste Schritt zur Lösung. Erst wenn wir die Norm gefunden und benannt haben, zerlegen wir diese in Tatbestand und (hypothetische) Rechtsfolgenseite. Nach dem Finden der Norm benennen wir die Tatbestandsvoraussetzungen und klären gegebenenfalls unbestimmte Rechtsbegriffe mittels Auslegung oder Definitionsnormen.

2. Schritt: Subsumtion

Wir haben in Schritt 1 die einschlägige Norm ausfindig gemacht und in Tatbestands- und Rechtsfolgenseite zerlegt sowie die einzelnen TBM herausgearbeitet. Nun folgt der zweite Schritt, die Subsumtion. Bei der Subsumtion verbinden wir die Tatsachen des Sachverhalts mit den Tatbestandsmerkmalen der Norm. Wir gehen dabei jedes einzelne TBM durch und prüfen, ob dieses gegeben ist: Handelt es sich in diesem Fall um eine Versammlung? Handelt es sich in diesem Fall um ein gefährliches Tier? Gehen von der Versammlung in diesem Fall Gefahren für Leib und Leben aus?

Die Subsumtion ist also die Brücke zwischen einem abstrakten Gesetzestext und dem konkreten Einzelfall!

3. Schritt: Ergebnis

Nachdem wir in Schritt 2 die einzelnen TBM subsumiert haben, kommen wir an einen entscheidenden Punkt: Sind sämtliche Tatbestandsmerkmale erfüllt?

Falls nein, so kann die Rechtsfolge nicht eintreten – egal, ob Ermessensvorschrift oder bindende Vorschrift!

Falls ja, so müssen wir die Frage stellen:

- Handelt es sich um eine bindende Vorschrift?
- Handelt es sich um eine Ermessensvorschrift?

Falls es sich um eine bindende Vorschrift handelt, gibt uns das Gesetz die Rechtsfolge bereits vor und wir wenden diese an.

Falls es sich um eine Ermessensentscheidung handelt, müssen wir unser Ermessen pflichtgemäß ausüben, also abwägen, wie wir in diesem Fall vorgehen. Als Sachbearbeiter für einen Fall musst du erkennen, ob dir dabei Auswahl- oder Entschließungsermessen zusteht. Bei einem Entschließungsermessen steht es dir offen, ob du einschreitest, oder nicht. Falls du dich dazu entschließt einzuschreiten, gibt es beim Entschließungsermessen nur eine Option, wie vorgegangen werden kann. Anders beim Auswahlermessen: hier stehen dir mehrere Optionen an Maßnahmen zur Auswahl, in das Geschehen einzugreifen.

Falls einer Behörde Ermessen zusteht, muss sie dieses pflichtgemäß ausüben. Dies geht aus Artikel 40 des Verwaltungsverfahrensgesetzes (VwVfG) hervor. Dabei muss eine Abwägung zwischen den privaten Interessen des Betroffenen sowie den öffentlichen Interessen der Allgemeinheit stattfinden. Die Abwägung muss sich am Grundsatz der Verhältnismäßigkeit orientieren.

10.5 Die Vertragserfüllung

Ein Schuldverhältnis ist eine Rechtsbeziehung zwischen zwei Personen, kraft deren die eine Person (Gläubiger) von der anderen Person (Schuldner) eine Leistung fordern kann (Anspruch). Dies ist in § 241 Abs. 1 BGB festgelegt.

Ein Schuldverhältnis entsteht durch einen Vertrag (vertragliches Schuldverhältnis) oder Gesetz (gesetzliches Schuldverhältnis).

Die Erfüllung ist das Erlöschen des Schuldverhältnisses. Die Erfüllung tritt ein, wenn der Schuldner die geschuldete Leistung an den Gläubiger geleistet hat. Damit bewirkt die Erfüllung das Erlöschen des Schuldverhältnisses. Es kommt dabei stets auf den Erfüllungserfolg, nicht auf die Erfüllungshandlung an. Der Schuldner muss also die vereinbarte Leistung an den Gläubiger erbracht haben.

Der Gläubiger hat also bei einem Vertrag einen Erfüllungsanspruch gegenüber dem Schuldner. Ein solcher Erfüllungsanspruch kann bei verschiedenen Arten von Verträgen entstehen:

- Mietvertrag
- Werkvertrag
- Kaufvertrag
- Dienstvertrag

10.6 Anwendung von Rechtsnormen - Bindende Vorschrift und Ermessensvorschrift

Eine Rechtsnorm besteht aus zwei Teilen: **Tatbestand** ("Wenn ...,") und **Rechtsfolge** ("dann...")

Dabei sind die Tatbestandsmerkmale stets zuerst zu prüfen! Es stellt sich damit zunächst die Frage, ob sämtliche Tatbestandsmerkmale erfüllt sind. Nur wenn dies der Fall ist, tritt die Rechtsfolge ein.

Beispiel: Im Sachgebiet für Öffentliche Sicherheit und Ordnung des Landratsamtes geht ein Schreiben einer besorgten Dame ein, die berichtet, dass ihr Nachbar, Herr Wild, seit einigen

Tagen eine große Schlange bei sich im Garten untergebracht hat. Nun stellt sich die Frage, ob Herr Wild das darf, denn gegebenenfalls benötigt er hierfür eine Erlaubnis. Der Sachbearbeiter findet die entsprechende Rechtsnorm:

"Wer ein gefährliches Tier halten möchte, benötigt die Erlaubnis des Landratsamtes."

In diesem Beispiel sind die **Tatbestandsmerkmale** die Folgenden:

- Wer (eine Person)
- Tier
- halten (die Person möchte das Tier bei sich unterbringen)
- gefährlich (das Tier ist in der Lage, anderen Menschen gesundheitlichen Schaden zuzufügen)

Nur wenn alle vier Tatbestandsmerkmale (TBM) erfüllt sind, benötigt Herr Wild eine Erlaubnis (Rechtsfolgeseite). Der Sachbearbeiter muss damit zuerst überprüfen, ob alle vier TBM in diesem konkreten Fall erfüllt sind, bevor er eine Anordnung gegenüber Herrn Wild erlässt.

Anhand dieses Beispiels erkennen wir, wie eine Rechtsnorm aufgebaut ist:

"**Wer** ein **gefährliches Tier halten** möchte (**Tatbestand**), benötigt die Erlaubnis des Landratsamtes (Rechtsfolge)."

Bei der Rechtsfolgeseite einer Rechtsnorm unterscheiden wir zwischen einer bindenden Vorschrift (Rechtsfolge tritt zwingend ein) sowie einer Ermessensvorschrift (Rechtsfolge kann eintreten, die Behörde hat Ermessen).

Das obige Beispiel ist eine bindende Vorschrift, denn das Tier ist erlaubnispflichtig, wenn die TBM erfüllt sind.

Beispiel für eine Ermessensvorschrift:

Bei der Polizeiwache Berlin geht die Meldung ein, dass eine unangemeldete Kundgebung am Alexanderplatz stattfindet. Vor Ort stellen die Beamten fest, dass die Versammlung größer ist als gedacht und immer mehr Menschen hinzukommen. Die Stimmung ist aufgehetzt und es kommt bereits zu Rangeleien und lauten Wortgefechten, da das provokante Thema zahlreichen Menschen aufstößt. Da die Versammlung unorganisiert und ohne Anmeldung (also anonym) abläuft, fühlt sich keiner der Teilnehmer zur Verantwortung verpflichtet, was eine gefährliche Lage entstehen lässt und Ausschreitungen wahrscheinlicher werden lässt.

Die entsprechende Rechtsnorm, welche das Eingreifen der Polizei in solch einer Situation vorsieht, ist die Folgende:

Wenn von einer Versammlung Gefahren für Leib und Leben von Menschen ausgeht, kann die Polizei Anordnungen gegenüber Versammlungsteilnehmern erlassen oder die Auflösung der Versammlung anordnen.

Hier liegt eine Ermessensvorschrift vor, dies erkennest du an dem Wort "kann". Zunächst sind auch hier die Tatbestandsmerkmale zu prüfen:

- Versammlung (mindestens drei Personen)
- Gefahr (Sachlage, die bei ungehindertem Ablauf des objektiv zu erwartenden Geschehens zu einer Verletzung von Rechtsgütern führt)
- Leib und Leben von Menschen (Menschen können gesundheitlichen/körperlichen Schaden erleiden)

Erst wenn diese drei TBM erfüllt sind, widmen wir uns der Rechtsfolgenseite. Im Gegensatz zum ersten Beispiel ist dies jedoch nicht so einfach, oder? Die Polizei hat hier verschiedene Möglichkeiten der Anordnung. Sie kann etwa einen Platzverweis gegenüber einzelnen Personen erlassen, wenn diese aufgrund ihres Verhaltens offensichtlich zur Eskalation der Versammlung beitragen, oder sie kann die Versammlung gänzlich auflösen, wenn die Gesamtlage zu gefährlich ist und einzelne Anordnungen gegen Teilnehmer nicht ausreichen, um die Lage zu entspannen. Die Polizeibeamten vor Ort haben nun die Auswahl verschiedener Mittel, um die Lage zu deeskalieren. Dabei steht ihnen Ermessen zu – es liegt an ihnen, welche Mittel sie wählen. In diesem Beispiel sprechen wir von einem Auswahlermessen, da die Polizeibeamten mehrere Alternativen haben, um einzuschreiten. Neben dem Auswahlermessen gibt es auch das Entschließungsermessen, bei dem sich die Behörde die Frage stellt, ob überhaupt eingeschritten wird.

Beispiel für ein Entschließungsermessen:

Wer ein gefährliches Tier ohne Erlaubnis hält, kann zur Abgabe des Tieres an eine geeignete Stelle verpflichtet werden.

Die Behörde hat hier nicht mehrere Auswahlmöglichkeiten, sondern entscheidet bei Vorliegen der Tatbestandsvoraussetzungen lediglich, ob der Halter zur Abgabe verpflichtet wird, oder nicht. Für die Behörde stellt sich somit die Frage, ob eingeschritten wird oder nicht.

Nun erkennst du den Unterschied zwischen einer bindenden Vorschrift ("...benötigt die Erlaubnis des Landratsamtes") sowie einer Ermessensvorschrift ("... kann...").

Neben Tatbestandsmerkmalen spricht man auch von Tatbestandsvoraussetzungen. In zahlreichen Normen sind die Tatbestandsvoraussetzungen mit "**und**" bzw. "**oder**" miteinander verknüpft. Daran erkennst du, dass es sich um TBM handelt. Bereits in unseren Beispielen hast du wohl festgestellt, dass einige der dort verwendeten Begriffe auf der Tatbestandsseite gar nicht so leicht zu definieren sind, oder? So etwa die Formulierung "Gefahr für Leib und Leben" im zweiten Beispiel. Mitunter kommen in Rechtsnormen solche **unbestimmten Rechtsbegriffe** vor. Diese Begriffe sind aus sich selbst heraus nicht unmittelbar verständlich, sondern bedürfen der näheren Konkretisierung. In zahlreichen Gesetzen hat der Gesetzgeber sogenannte Definitionsnormen eingefügt, welche erklären, was unter den Begriffen wie "Gefahr" oder "gefährliches Tier" gemeint ist. Wenn es keine Definitionsnorm gibt, ist der Begriff auszulegen. Für die Prüfung gilt es daher, die im Unterricht behandelten Definitionen der unbestimmten Rechtsbegriffe vokabelartig zu wiederholen, um für die Prüfung die entsprechenden Definitionen parat zu haben. Falls in einer Prüfung ein bis dato unbekanntes Gesetz angewendet werden muss, dessen unbestimmte Rechtsbegriffe der Prüflingen nicht bekannt sind, so werden die entsprechenden Definitionen häufig in den Hinweisen zur Prüfung angegeben.

10.7 Vertragsarten

Bei deiner Abschlussprüfung solltest du dich mit Vertragsarten auskennen und zu jeder Vertragsart ein Beispiel bringen können. Du solltest die Definition für die jeweilige Vertragsart kennen. Mit der folgenden Übung kannst du dich auf die verschiedenen Aufgaben in der Prüfung vorbereiten.

Die verschiedenen Vertragsarten im Überblick

Es gibt eine Vielzahl von Vertragsarten, die im Bürgerlichen Gesetzbuch geregelt sind und für die unterschiedliche Formvorschriften gelten. Hier sind die Vertragsarten im Überblick mit der zugehörigen Definition:

Kaufvertrag nach § 433 BGB

Der Kaufvertrag regelt die Übereignung und Übergabe einer Sache durch den Verkäufer an den Käufer. Der Käufer ist zur Zahlung des Kaufpreises verpflichtet. Damit ein Kaufvertrag wirksam zustande kommt, sind ein Angebot und die Annahme des Angebots erforderlich.
Für den Kaufvertrag ist keine Form notwendig.
Beispiel: Kaufvertrag für ein Auto

Tauschvertrag nach § 480 BGB

Die beiden Vertragspartner verpflichten sich zur gegenseitigen Übertragung von Vermögensgegenständen.
Für den Tauschvertrag gilt keine Formvorschrift.
Beispiel: Tausch eines Mountainbikes gegen ein Mofa

Darlehensvertrag nach § 488 BGB

Bei einem Darlehensvertrag verpflichtet sich der Darlehensgeber zur Zahlung des vereinbarten Geldbetrags an den Darlehensnehmer. Der Darlehensnehmer verpflichtet sich, innerhalb einer bestimmten Frist den Geldbetrag mit den vereinbarten Zinsen zurückzuzahlen.
Ein Darlehensvertrag muss schriftlich abgeschlossen werden.
Beispiel: Darlehensvertrag über 10.000 Euro für den Kauf eines Autos

Schenkungsvertrag nach § 516 BGB

Bei einem Schenkungsvertrag vereinbart eine Person die unentgeltliche Übertragung eines Ver-

mögensgegenstandes an eine andere Person. Die andere Person muss der Schenkung zustimmen.
Eine notarielle Beurkundung des Schenkungsvertrags ist sinnvoll. Der Vertrag kommt bei Formmangel auch zustande, wenn die Schenkung erfolgt.
Beispiel: Schenkung eines Autos

Mietvertrag nach § 535 BGB

In einem Mietvertrag vereinbart der Vermieter die Überlassung einer Mietsache auf Zeit an den Mieter. Der Mieter muss dafür die vereinbarte Miete zahlen.
Ein Mietvertrag kann formfrei abgeschlossen werden. Eine Besonderheit gilt bei einem Vertrag über die Wohnungsmiete. Liegt nach einem Jahr nicht die Schriftform vor, gilt der Mietvertrag als zeitlich unbefristet. Die Kündigung eines Mietvertrags über Wohnungsmiete bedarf der Schriftform.
Ein Beispiel für den Mietvertrag kann nicht nur die Wohnungsmiete sein. Ein Mietvertrag kann auch für einen bestimmten Zeitraum für ein Auto abgeschlossen werden.

Pachtvertrag nach § 581 BGB

Bei einem Pachtvertrag vereinbart der Verpächter die Überlassung einer Sache an den Pächter gegen Entgelt (Pacht). Der Pächter muss die Pacht zahlen und darf die Erträge behalten.
Der Pachtvertrag bedarf keiner Form.
Beispiel: Ein Gartengrundstück mit Obstbäumen wird verpachtet. Der Pächter darf das Obst ernten und behalten.

Leihvertrag nach § 598 BGB

Bei einem Leihvertrag ist der Verleiher verpflichtet, dem Entleiher über einen bestimmten Zeitraum unentgeltlich eine Sache zum Gebrauch zu überlassen. Der Entleiher verpflichtet sich, innerhalb des vereinbarten Zeitraums die entliehene Sache in ordnungsgemäßem Zustand zurückzugeben.
Ein Leihvertrag ist formlos gültig.
Beispiel: Die Tochter darf das Auto der Mutter unentgeltlich benutzen.

Sachdarlehensvertrag nach § 607 BGB

Bei einem Sachdarlehensvertrag überlässt der Darlehensgeber dem Darlehensgeber die vereinbarte Sache. Der Darlehensnehmer ist verpflichtet, dem Darlehensgeber ein Darlehensentgelt und die Sache in der gleichen Güte, der gleichen Art und der gleichen Menge zurückzugeben.
Der Sachdarlehensvertrag kann formlos abgeschlossen werden.
Beispiel: Der Nachbar leiht sich von deiner Mutter zwei Päckchen Kaffee. Er muss ihr zwei Päckchen Kaffee der gleichen Sorte und ein geringes Entgelt zurückgeben.

Dienstvertrag nach § 611 BGB

In einem Dienstvertrag verpflichtet sich eine Person, einen bestimmten Dienst gegen eine Vergütung zu leisten.
Der Dienstvertrag bedarf selbst keiner Schriftform, doch bedarf die Kündigung des Dienstvertrages der Schriftform.
Beispiel: Arbeitsvertrag.

Werkvertrag nach § 631 BGB

In einem Werkvertrag verpflichtet sich ein Unternehmer, ein mangelfreies Werk herzustellen.
Der Besteller ist zur Abnahme und zur Bezahlung des Werkes verpflichtet.
Der Werkvertrag kann formfrei abgeschlossen werden.
Beispiel: Eine Baufirma verpflichtet sich zum Bau eines Hauses, das der Bauherr bezahlt.

10.8 Test: Übung Vertragsarten / Rechtsgeschäfte für Verwaltungsberufe

WAS IST ZU TUN?

Teste hier dein Wissen zum Thema Vertragsarten/Rechtsgeschäfte. Je Frage gibt es eine richtige Antwort.

1. In welchem Fall kommt ein Kaufvertrag rechtskräftig zustande?

   ○ a) Ein Kaufinteressent fordert ein schriftliches Angebot an.

   ○ b) Ein Kunde bekommt ein unverbindliches Angebot.

   ○ c) Ein Kaufinteressent hat ein verbindliches Angebot erhalten und bestellt daraufhin.

   ○ d) Ein Anbieter schickt einem Kunden eine unbestellte Ware.

2. In welchem Fall handelt es sich um einen Pachtvertrag?

   ○ a) Ein Kunde mietet eine Wohnung.

   ○ b) Ein Interessent nutzt ein Gartengrundstück, er zahlt dafür jeden Monat den vereinbarten Betrag und er darf die Früchte der dort befindlichen Obstbäume behalten.

   ○ c) Veronika leiht sich von Carola fünf Äpfel. Sie gibt die Äpfel und einen kleinen Geldbetrag an Carola zurück

   ○ d) Florian darf unentgeltlich das Auto seines Nachbarn benutzen.

3. Was ist der Unterschied zwischen Mietvertrag und Pachtvertrag?

   ○ a) Der Pächter darf die Erträge behalten, die er mit dem gepachteten Gegenstand erwirtschaftet hat.

   ○ b) Der Pächter muss keine Miete zahlen.

   ○ c) Der Pächter muss eine vergleichbare Sache zurückgeben.

   ○ d) Der Pächter muss die gemietete Sache und einen Geldbetrag zurückgeben.

4. Welche der folgenden Vertragsarten ist kein Kaufvertrag?

 - ○ a) Kauf eines Autos
 - ○ b) unentgeltliche Nutzung des Autos des Nachbarn
 - ○ c) Kauf einer Eigentumswohnung
 - ○ d) Kauf eines Gartengrundstücks

5. Bei welcher der folgenden Vertragsarten ist die Schriftform erforderlich?

 - ○ a) Kaufvertrag
 - ○ b) Darlehensvertrag
 - ○ c) Werkvertrag
 - ○ d) Dienstvertrag

6. Deine Mutter erlaubt dir, ihr Auto zu benutzen, ohne dass du eine Gegenleistung erbringst. Um welches Vertragsverhältnis handelt es sich?

 - ○ a) Sachdarlehensvertrag
 - ○ b) Mietvertrag
 - ○ c) Pachtvertrag
 - ○ d) Leihvertrag

7. Du leihst dir von deinem Freund fünf Druckerpatronen und gibst die Druckerpatronen in der gleichen Menge und Qualität zuzüglich eines kleinen Geldbetrages an deinen Freund zurück. Um welches Vertragsverhältnis handelt es sich?

 - ○ a) Mietvertrag
 - ○ b) Darlehensvertrag
 - ○ c) Leihvertrag
 - ○ d) Sachdarlehensvertrag

8. Leon nimmt einen Kredit auf, da er sich ein Auto kaufen möchte. Um welchen Vertrag handelt es sich?

   ◯ a) Sachdarlehensvertrag

   ◯ b) Mietvertrag

   ◯ c) Darlehensvertrag

   ◯ d) Kaufvertrag

9. Wodurch kommt ein Kaufvertrag zustande?

   ◯ a) Bestellung und Lieferung

   ◯ b) Angebot und Bestellung

   ◯ c) Antrag und Annahme

   ◯ d) Bestellung und Bestellungsannahme

10. In welchem Fall wurde ein Kaufvertrag abgeschlossen?

   ◯ a) Ein Anbieter schickt auf eine Anfrage ein unverbindliches Angebot

   ◯ b) Ein Kaufinteressent bestellt, die Bestellung wird angenommen.

   ◯ c) Ein Anbieter schickt ein unverbindliches Angebot.

   ◯ d) Ein Kaufinteressent verschickt eine Anfrage und bekommt ein unverbindliches Angebot.

11. Was ist nicht für jeden Kaufvertrag erforderlich?

   ◯ a) Lieferung der Ware durch den Verkäufer

   ◯ b) Annahme der Ware durch den Käufer

   ◯ c) Bezahlung der Ware durch den Käufer

   ◯ d) Notarielle Beurkundung

12. Welche Pflichten hat der Verkäufer beim Abschluss eines Kaufvertrages?

◯ a) Er muss die Ware annehmen und prüfen.

◯ b) Er muss die Ware vertragsgemäß übergeben und den vereinbarten Kaufpreis annehmen.

◯ c) Er muss akzeptieren, wenn der Käufer schnell zahlt und einen Skonto einbehält.

◯ d) Er muss die Ware prüfen und Mängel sofort reklamieren.

13. Du unterschreibst einen Arbeitsvertrag bei deinem künftigen Arbeitgeber. Um welche Vertragsart handelt es sich?

◯ a) Werkvertrag

◯ b) Dienstvertrag

◯ c) Sachdarlehensvertrag

◯ d) Leihvertrag

14. Das Widerrufsrecht bei Haustürgeschäften

◯ a) beträgt ein Jahr.

◯ b) gilt nicht.

◯ c) beträgt zwei Wochen.

◯ d) wird frei vereinbar.

15. Ein Maler verpflichtet sich, seinem Kunden gegen Bezahlung eine einwandfreie Arbeit zu liefern. Um welchen Vertrag handelt es sich?

◯ a) Arbeitsvertrag

◯ b) Werkvertrag

◯ c) Dienstvertrag

◯ d) Kaufvertrag

16. Was ist der Unterschied zwischen einem Leihvertrag und einem Sachdarlehensvertrag?

- ◯ a) Es gibt keinen, da beides dasselbe ist.
- ◯ b) Bei einem Leihvertrag muss Geld bezahlt werden, bei einem Sachdarlehensvertrag nicht.
- ◯ c) Bei einem Leihvertrag gibt der Entleiher den entliehenen Gegenstand zuzüglich eines vereinbarten Geldbetrags zurück.
- ◯ d) Bei einem Sachdarlehensvertrag gibt der Darlehensnehmer eine Sache in der gleichen Qualität und Menge wie die überlassene Sache zuzüglich eines Darlehenentgelts zurück.

17. Bei welcher Vertragsart wird man zum Besitzer und Eigentümer einer Sache?

- ◯ a) Mietvertrag
- ◯ b) Kaufvertrag
- ◯ c) Pachtvertrag
- ◯ d) Darlehensvertrag

18. Ein Arzt schließt mit dem Eigentümer eines Geschäftsgebäudes einen Vertrag. Er schließt einen Vertrag über die Nutzung der Geschäftsräume gegen Entgelt, in denen er seine Praxis eröffnet. Um welchen Vertrag handelt es sich?

- ◯ a) Mietvertrag
- ◯ b) Pachtvertrag
- ◯ c) Leihvertrag
- ◯ d) Sachdarlehensvertrag

19. Du gehst zu einer Autovermietung und nimmst ein Auto für eine Woche zur entgeltlichen Nutzung
entgegen. Um welche Vertragsart handelt es sich?

- ○ a) Mietvertrag
- ○ b) Leihvertrag
- ○ c) Sachdarlehensvertrag
- ○ d) Kaufvertrag

20. Bei welcher der folgenden Vertragsarten handelt es sich nicht um einen Mietvertrag?

- ○ a) Entgeltliche Nutzung über einen bestimmten Zeitraum
- ○ b) Nutzung einer Wohnung gegen Geld
- ○ c) Nutzung eines Gartengrundstücks gegen Geld und Recht, die dort geernteten Früchte zu verwenden
- ○ d) Nutzung einer Gartenfräse über einen Tag gegen Geld

10.9 Lösungen: Übung Vertragsarten / Rechtsgeschäfte für Verwaltungsberufe

Aufgabe	Lösung	Aufgabe	Lösung	Aufgabe	Lösung
1.	c)	2.	b)	3.	a)
4.	b)	5.	b)	6.	d)
7.	d)	8.	c)	9.	b)
10.	b)	11.	d)	12.	b)
13.	b)	14.	c)	15.	b)
16.	d)	17.	b)	18.	b)
19.	a)	20.	c)		

Lösungen der Auswahl-Fragen.

11 Personalvorgänge mitgestalten

11.1 Die Arbeitsgerichtsbarkeit

Kündigungen, Lohnabrechnungen sowie Mitbestimmungsrechte können dazu führen, dass ein Streit zwischen einem Arbeitnehmer und seinem Arbeitgeber entsteht. Wenn sich der Konflikt nicht mehr durch Gespräche und Einbeziehung der Personalvertretung beheben lässt, kann eine Klage vor dem zuständigen Arbeitsgericht gegen die jeweilige Maßnahme erhoben werden. Die Arbeitsgerichtsbarkeit ist somit für die Rechtsprechung im Bereich der Arbeitssachen zuständig.

Gemäß Artikel 92 und Artikel 20 Abs. 3 des Grundgesetzes (GG) sind die Arbeitsgerichte Teil der rechtsbrechenden Gewalt in der Bundesrepublik. Sie besteht aus drei Instanzen:

- den Arbeitsgerichten (I. Instanz)
- den Landesarbeitsgerichten (II. Instanz)
- sowie dem Bundesarbeitsgericht (III. Instanz)

Jedes Bundesland ist in mehrere Arbeitsgerichtsbezirke unterteilt, was bedeutet, dass es auf der Stufe der I. Instanz in jedem Bundesland mehrere Arbeitsgerichte gibt. Sitz des Bundesarbeitsgerichts ist Erfurt. Die Arbeitsgerichte entscheiden in den meisten Verfahren über:

- Streitigkeiten aus dem Arbeitsverhältnis
- Betriebsverfassungs- und Mitbestimmungssachen
- Arbeitskampfstreitigkeiten

11.2 Entstehung und Beendigung sowie Rechte und Pflichten aus dem Arbeitsverhältnis

Ein Arbeitsverhältnis ist ein durch den Abschluss eines Arbeitsvertrags begründetes Rechtsverhältnis zwischen einem Arbeitgeber und einem Arbeitnehmer. Ein Arbeitnehmer schuldet aus einem Arbeitsvertrag das Tätigwerden innerhalb einer bestimmten Zeitspanne (Arbeitszeit) und hat dann Anspruch auf eine Gegenleistung (Lohn). Der Arbeitsvertrag begründet somit das Arbeitsverhältnis.

Merke: Der Arbeitnehmer muss "tun was er kann, so gut er es kann".

Damit liegt ein großer Unterschied zum Werkvertrag (§§ 631 ff. BGB), bei welchem der Verpflichtete neben dem Tätigwerden auch den Erfolg schuldet. Im Arbeitsverhältnis ist eine Kürzung des Entgelts nur bei einer Nichtleistung möglich: "Ohne Arbeit kein Lohn."

Merke: Der Arbeitsvertrag ist ein Unterfall des Dienstvertrages (§§ 611 ff. BGB), wobei keine Erfolgsabhängigkeit besteht

Aus dem Arbeitsverhältnis ergeben sich **Haupt-** und **Nebenpflichten**. Blicken wir zunächst auf die Hauptpflichten:

- Hauptleistungspflicht für den Arbeitgeber: Zahlung der vereinbarten Vergütung (siehe § 611a Abs. 2 BGB)
- Hauptleistungspflicht für den Arbeitnehmer: Leistung weisungsgebundener, fremdbestimmter Arbeit (= Arbeitspflicht; siehe §611a Abs. 1 Satz 1 BGB)

Die Nebenpflichten gestalten sich wie folgt:

- Nebenleistungspflicht für den Arbeitgeber: Schutz- und Fürsorgepflichten (z. B. Schutz von Rechtsgütern des Arbeitnehmers, die im Zusammenhang mit dem Arbeitsverhältnis stehen)
- Nebenleistungspflicht für den Arbeitnehmer: Treuepflicht, Rücksichtnahmepflicht aus §241 Abs. 2 BGB (gefordert ist ein betriebsförderndes, loyales Verhalten, z. B. Wahrung von Dienstgeheimnissen, Verbot rufschädigender Äußerungen in Bezug auf den Arbeitgeber in der Öffentlichkeit)

Beendigung eines Arbeitsverhältnisses

Blicken wir nun auf die Möglichkeiten, ein Arbeitsverhältnis zu beendigen:

Kündigung

- Ordentliche Kündigung (§ 622 BGB, § 34 TVöD)
- Außerordentliche Kündigung (§ 626 BGB)

WICHTIG:

- Schriftformerfordernis (§ 623 BGB)
- Beachtung der Regelungen des Kündigungsschutzgesetzes (KSchG)

Bei der Kündigung handelt es sich um eine einseitige, empfangsbedürftige, rechtsgestaltende Willenserklärung.

Ausscheiden aus dem Erwerbsleben

- Altersrente (§ 33 Absatz 1 Buchstabe a TVöD)
- Erwerbsminderungsrente auf Dauer (§ 33 Absatz 2 Satz 1 TVöD)

Auflösungsvertrag

nach § 33 Absatz 1 Buchstabe b TVöD

Erforderlich ist hier die Schriftform (§ 623 BGB)

Weitere Beendigungsgründe sind etwa:

- Ablauf eines befristeten Arbeitsverhältnisses
- Nichtigkeit des Arbeitsvertrages
- erfolgreiche Anfechtung
- Berufung in ein Beamtenverhältnis bei dem bisherigen Arbeitgeber

Blicken wir nun gezielt auf einige Formen der Beendigung eines Arbeitsverhältnisses:

Beendigung befristeter Arbeitsverhältnisse

§ 15 des Teilzeit- und Befristungsgesetzes (TzBfG) regelt die **Beendigung wegen Zeitablauf** (Arbeitnehmer wird für einen vorab bestimmten Zeitrahmen beschäftigt) oder **Zweckerfüllung** (Arbeitnehmer wird bis zur Erfüllung einer bestimmten Aufgabe beschäftigt) sowie die vorzeitige Beendigung von befristeten Arbeitsverhältnissen:

- bei zeitlicher Befristung endet das Arbeitsverhältnis mit Fristablauf (§ 15 Absatz 1 TzBfG)
- bei zweckbefristeten Arbeitsverhältnissen muss die Beendigung spätestens zwei Wochen bis Ende angezeigt werden (§ 15 Absatz 2 TzBfG)

Merke: Werden Arbeitnehmer, welche befristet beschäftigt werden (bis Zeitablauf oder Zweckerfüllung), weiterbeschäftigt, so tritt die Umwandlung des befristeten Arbeitsverhältnisses in ein unbefristetes Arbeitsverhältnis ein (§ 15 Absatz 5 TzBfG)

Beendigung wegen Erreichens der Altersgrenze

Das Arbeitsverhältnis endet kraft Tarifautomatik mit Ablauf des Monats, in dem ein Arbeitnehmer die sich für ihn ergebende Altersgrenze für den Bezug der Regelaltersrente erreicht hat.

11.3 Beschäftigungsverhältnisse und Arbeitnehmermitbestimmung im öffentlichen Dienst

In Verwaltungen können nicht-hoheitliche Befugnisse an Personen übertragen werden, welche in einem privatrechtlichen Arbeitsverhältnis zur Dienststelle stehen. Neben der Gruppe der Beamten sind somit auch zahlreiche tariflich Beschäftigte für die öffentliche Verwaltung tätig. Die Beschäftigungsverhältnisse unterscheiden sich in mehreren Punkten. Während Beamte durch einen Verwaltungsakt ernannt werden, wird bei einem Arbeitnehmer das Rechtsverhältnis aufgrund eines Vertrages begründet. Die sich aus dem Dienst- bzw. Beschäftigungsverhältnis ergebenden Rechte und Pflichten sind bei Beamten öffentlich-rechtlich geregelt, während diese bei den Angestellten im Arbeits- und Tarifvertrag festgehalten sind. Das Rechtsverhältnis der Beamten besteht ab Ernennung auf Lebenszeit dauerhaft, bei Angestellten ist eine befristete Beschäftigung unter den gesetzlichen Voraussetzungen möglich.

Das private Arbeitsrecht ergibt sich aus mehreren Rechtsquellen:

- Arbeitsvertrag
- Betriebs- bzw. Dienstvereinbarung in der Behörde
- Tarifvertrag
- Betriebsverfassungsgesetz
- Tarifvertragsgesetz

Daneben gibt es noch zahlreiche arbeitsrechtliche Bestimmungen, etwa im Bürgerlichen Gesetzbuch (BGB), dem Arbeitszeitgesetz (ArbZeitG), dem Teilzeit- und Befristungsgesetz (TzBfG) oder dem Mutterschutzgesetz (MuSchG).

Für die Mitbestimmung der Arbeitnehmer (sowohl in der Verwaltung als auch in Unternehmen) ist Artikel 9 Absatz 3 des Grundgesetzes (GG) äußerst bedeutend: Hier wird festgelegt, dass Arbeitnehmer aller Berufe Vereinigungen bilden dürfen, um auf die Förderung der Arbeitsbedingungen hinzuwirken. Damit ist die Bildung von Gewerkschaften gewährleistet, welche sich für die Stärkung der Arbeitnehmerrechte einsetzen und Tarifverhandlungen mit Arbeitgebervertretern durchführen.

Eine bedeutende Aufgabe der Gewerkschaften ist die Führung der Tarifverhandlungen mit den Arbeitgebervertretern. Ausgewählte Vertreter der Gewerkschaften verhandeln mit der Vereinigung der kommunalen Arbeitgeberverbände über die Höhe der Löhne, Urlaubsanspruch und weitere arbeitnehmerrechtliche Bestimmungen. Der Tarifvertrag für den öffentlichen Dienst (TVöD), welcher die entsprechenden Regelungen umfasst, gilt für alle Arbeitnehmer, die in einem Beschäftigungsverhältnis zum Bund oder zu einem Arbeitgeber stehen, der Mitglieder in der Vereinigung der kommunalen Arbeitgeberverbände (VKA) ist. Der TVöD wird zwischen der Bundesrepublik sowie der Vereinigung der kommunalen Arbeitgeberverbände (VKA) einerseits und der Vereinten Dienstleistungsgewerkschaft (ver.di) sowie dem Deutschen Beamtenbund (dbb Tarifunion) andererseits geschlossen.

In der Behörde nimmt der Personalrat die Arbeitnehmerinteressen wahr: Die von den Beschäftigten gewählten Personalratsmitglieder wirken bei der Gestaltung der dienstlichen Arbeitsbedingungen mit. Innerhalb des Personalrats gibt es eine Gruppe für die Vertretung der Beamten, sowie eine Gruppe für die Vertretung der Arbeitnehmer. Die Personalratsmitglieder werden vom gesamten Personal der Dienststelle für eine bestimmte Dauer gewählt.

Personalräte werden grundsätzlich in allen Dienststellen gebildet – je nach Bundesland gibt es jedoch eine vorgeschriebene Mindestanzahl an Beschäftigten, ab der ein Personalrat gebildet wird. Nur wenn eine Behörde diese Mindestanzahl an Beschäftigten erreicht, wird ein Personalrat gebildet. Je größer eine Behörde ist, desto mehr Mitglieder umfasst der Personalrat.

11.4 Personalpolitik und -planung im öffentlichen Dienst

Im öffentlichen Dienst sind unter Personalpolitik sämtliche Maßnahmen der Behörden in Bezug auf deren Mitarbeiter zu verstehen. Die Personalpolitik hat das Ziel, durch Auswahl geeigneter Personen die Aufgabenerfüllung der Verwaltung sicherzustellen und den Beschäftigten Karrierewege aufzuzeigen. Die Personalpolitik wird von der Führung der Behörde vorgegeben: sei es ein gewähltes Gremium in einer Stadtverwaltung oder die Amtsleitung in einer staatlichen Behörde. Die Personalverwaltung hingegen, also das Sachgebiet für Personal, setzt diese Maßnahmen daraufhin in die Tat um.

In größeren Verwaltungen, beispielsweise in einer großen Stadt, gibt es einen Personalausschuss, welchem ausgewählte Mitglieder des Stadtrates angehören. In den Sitzungen des Personalausschusses wird beispielsweise entschieden, welche Maßnahmen zur Anwerbung neuer Mitarbeiter getroffen werden. Der Personalausschuss kann dabei mit dem Personalrat sowie der Personalstelle zusammenarbeiten. Nur so entsteht eine moderne und konstruktive Personalpolitik.

Da junge Arbeitnehmer vermehrt auf eine familienfreundliche Personalpolitik achten, bietet die öffentliche Verwaltung mit Blick auf die Vereinbarkeit von Familie und Beruf attraktive Möglichkeiten. Damit eine Verwaltung langfristig eine erfolgreiche Personalpolitik betreiben kann, sollen die Ziele und Wünsche der Mitarbeiter mit denen der Leitung übereinstimmen. Eine erfolgreiche Personalpolitik verfolgt dabei mehrere Ziele:

- Qualifikationen der Mitarbeiter ausbauen
- Wohlbefinden und Gesundheit am Arbeitsplatz fördern
- Motivation der Mitarbeiter fördern
- Förderung einer produktiven Arbeitsweise

Personalplanung in der Verwaltung

Die Personalplanung macht sich Gedanken über künftige personelle Entscheidungen. Sie sorgt dafür, dass in Zukunft die für die Aufgabenerfüllung der Behörde notwendigen Arbeitnehmer zur richtigen Zeit an der richtigen Stelle sitzen. Als zu Beginn und im Laufe der Corona-Pandemie die Gesundheitsämter die Kontakte einer infizierten Person zurückverfolgen sollten, wurde für diese neue Aufgabe Personal aus anderen Bereichen der Verwaltung abgezogen. Hier war eine kurzfristige Personalplanung gefragt: Binnen weniger Tage bzw. Wochen mussten in jedem Gesundheitsamt zahlreiche Beschäftigte in diese neue Aufgabe eingewiesen werden.

Um ihre Aufgaben erfüllen zu können, muss sich die Personalplanung rechtzeitig die folgenden Fragen stellen:

- Wie viel Personal wird benötigt? (Personalbedarf)
- Auf welchem Weg soll das Personal geworben werden? (Personalbeschaffung)
- Wie sollen sich die Mitarbeiter entwickeln? (Weiterbildung; Personalentwicklung)
- Welche Aufgaben weise ich den Mitarbeitern zu? Wo setze ich das Personal ein? (Personaleinsatz)
- Wann werden Arbeitsverhältnisse beendet? (Personalfreisetzung)

Eine erfolgreiche Personalplanung führt also dazu, dass weder zu viele, noch zu wenige Mitarbeiter beschäftigt werden und neues Personal von bereits geschulten Kräften ausreichend eingearbeitet werden kann – die notwendigen Kompetenzen sind somit stets vorhanden.

Es ist zwischen Personalbedarfs- und Personaleinsatzplanung zu unterscheiden:

Personalbedarfsplanung: Wie viel Personal wird zu welchem Zeitpunkt benötigt? Hierfür ist es erforderlich, dass die Personalstelle rechtzeitig neue Kräfte für ausscheidende Mitarbeiter aufbaut. Zudem muss eine Verwaltung stets ihre Aufgabenwahrnehmung im Blick behalten – falls der Behörde neue Aufgaben übertragen werden, müssen Mitarbeiter eingesetzt werden, um diese zu erfüllen.

Personaleinsatzplanung: An welchen Stellen werden die Mitarbeiter jetzt und in Zukunft eingesetzt? Entsprechend den Qualifikationen werden den Mitarbeitern Aufgaben zugewiesen, für welche sie die Befähigung besitzen und welche zu ihren persönlichen Stärken passen.

11.5 Methoden der Mitarbeiter- und Gesprächsführung

Unter Mitarbeiterführung versteht man die Steuerung und Einflussnahme des Verhaltens von Angestellten. Eine Führungsperson steht den Mitarbeitern unterstützend zur Seite. Sowohl zum Vorteil der Mitarbeiter, als auch zum Vorteil der Organisation. In der öffentlichen Verwaltung sind Sachgebiets- sowie Abteilungsleiter in der Rolle der Führungskraft. Ein Sachgebietsleiter ist für die Mitarbeiter seines Gebiets verantwortlich. Ein Sachgebiet kann zum Beispiel das Bauamt, das Personalamt oder das Umweltamt sein.

Damit eine Führungskraft ihr Sachgebiet bzw. ihre Abteilung erfolgreich führen kann, sind mehrere Kompetenzen notwendig:

Soziale Kompetenz: Für den richtigen Umgang mit den Mitarbeitern ist soziale Kompetenz unerlässlich. Ein großer Teil der Tätigkeit von Führungskräften im mittleren- sowie oberen Management besteht aus Gesprächen mit anderen Menschen: der Behördenleitung, Abteilungsleitern oder eigenen Mitarbeitern. Hierbei sind Empathie, aktives Zuhören, Kooperationsfähigkeit sowie Überzeugungsfähigkeit wichtig.

Selbstkompetenz: Damit der Erfolg des Teams langfristig gesichert ist, muss eine Führungskraft auch kontinuierlich an sich selbst arbeiten. Die Fähigkeit zur Selbstreflexion, sowie Selbstkritik, Transparenz und Offenheit sind hierbei wichtig.

Methodenkompetenz: Damit eine Führungskraft in der Verwaltung ihre Aufgabe (Förderung von Mitarbeitern und Behördenzielen) erfolgreich bewältigen kann, muss sie verschiedene Methoden anwenden: Ziele definieren, Aufgaben delegieren, Probleme erkennen und lösen sowie Projekte steuern sind nur einige dieser Aspekte.

Eine kompetente Führungskraft sorgt dafür, dass die Ziele der Mitarbeiterführung erreicht werden:

- Größere Motivation
- Loyalität
- Spaß an der Arbeit
- Positives Betriebsklima
- Erhöhung der Produktivität
- Förderung der persönlichen Entwicklung der Angestellten

Um diese Ziele zu erreichen, werden in der Praxis mehrere Instrumente der Mitarbeiterführung eingesetzt:

- Analyse der Ist-Situation: Einzelgespräche mit Mitarbeitern als erster Schritt, um einen "Lagebericht" zu erhalten.
- Kommunikation: Regelmäßige Mitarbeitergespräche
- Zielvereinbarungen: Förderung der Motivation von Mitarbeitern
- Lob: Besondere Leistungen der Mitarbeiter werden gewürdigt.

Wie bereits deutlich wird, ist die Kommunikation zwischen Mitarbeitern und einer Führungskraft ein zentrales Element der erfolgreichen Führungsarbeit. Eine Führungskraft muss dem Mitarbeiter dabei auf Augenhöhe begegnen und auf ihn eingehen. Für eine offene und ehrliche Gesprächsatmosphäre ist es wichtig, sich jeweils mit den Sichtweisen des Gegenübers auseinanderzusetzen. Folgende Grundsätze der Gesprächsführung sind dabei wichtig:

- Kein Zeitdruck
- Zuhören und die Sichtweisen des Gegenübers akzeptieren bzw. nachvollziehen

- Eigene Ideen und Vorstellungen äußern; aktives Einbringen in das Gespräch
- Offene Fragen stellen
- Dem Gesprächspartner die Möglichkeit geben, seine Ansicht darzustellen
- Aussagen des Gesprächspartners in eigenen Worten zusammenfassen

11.6 Datenschutzbeauftragter (Art. 37-39 DSGVO)

Bei Einführung der DSGVO wurde in den Art. 37–39 DSGVO geregelt, dass nun nicht mehr die Zahl der Personen, welche Zugriff auf die Daten haben, ausschlaggebend ist. Vielmehr kommt es nun auf die Kerntätigkeit des Unternehmens an. Ist diese auf Durchführung von Erhebungs- und Verarbeitungsvorgängen ausgelegt, ist ein Datenschutzbeauftragter zu benennen.

Der Datenschutzbeauftragte muss aufgrund seiner Qualifikation als auch der fachlichen Kompetenz benannt werden und muss kein Mitarbeiter des jeweiligen Unternehmens sein. Es kann auch ein externer Mitarbeiter oder eine entsprechende Firma sein.

11.7 Definition des Datenschutzes (DSGVO) / Begriffsbestimmungen

Die Datenschutzgrundverordnung (DSGVO) schützt den Einzelnen davor, dass mit seinen Daten falsch umgegangen wird (siehe Art. 1 DSGVO). Hierunter fällt. z. B. eine unerlaubte Veröffentlichung personenbezogener Daten. Man spricht hier vom Recht auf „informationelle Selbstbestimmung". Dieses Recht basiert auf Art. 2 GG – freie Entfaltung der Persönlichkeit.

Dieser Schutz soll aber nicht nur einer einzelnen Person dienen, sondern auch Firmen, Vereinen und allen anderen „juristischen Personen" und gilt gleichermaßen für Behörden und sonstige öffentliche Stellen.

Merke: Die DSGVO schützt

- öffentliche Stellen: Behörden, Ämter, Gerichte
- nicht-öffentliche Stellen: Privatpersonen, einzelne Bürger

Begriffsdefinitionen nach der DSGVO:

- **Personenbezogene Daten**: Personenbezogene Daten sind einzelne Angaben einer bestimmten (einzelnen) Person (Betroffener). Hierunter fallen allgemeine Dinge wie Name, Adresse, Geburtstag, aber auch andere detailliertere Angaben wie Größe, Gewicht, Krankendaten.
- **Automatisierte Verarbeitung**: Hierunter versteht man die Erhebung, Verarbeitung oder Nutzung personenbezogener Daten mithilfe von Computern oder Dateisystemen.

- **Nicht automatisierte Verarbeitung**: Siehe „automatisierte Verarbeitung". Allerdings findet bei dieser Verarbeitungsform kein Computer Anwendung. Alles geschieht manuell, bspw. mit Papier und Stift, also ohne Dateisysteme.
- **Erheben**: Das Beschaffen von Daten über eine betroffene Person nennt man Erheben. Dies hat gemäß §4 BDSG grundsätzlich beim Betroffenen selbst zu geschehen (Ausnahmen möglich).
- **Verarbeiten**: Hierunter versteht man das Speichern, Verändern, Übermitteln und Löschen von personenbezogenen Daten.
- **Dateisysteme**: strukturierte Sammlungen von Daten

Anmerkung:

- Speichern: Archivieren von Daten auf Medien
- Verändern: Bsp.: Aktualisierung einer Adresse
- Übermitteln: Weitergabe an Dritte
- Löschen: Entfernen/Vernichten/Unkenntlichmachen von Daten (unwiederbringlich)

11.8 Welche Daten sind schützenswert?

In Artikel 9 der Datenschutz-Grundverordnung (DSGVO) werden besondere Kategorien personenbezogener Daten aufgeführt, diese decken sich mit denen der Europäischen Kommision. Viele personenbezogene Daten gelten als sensibel. Demnach erfordern folgende Daten besondere Verarbeitungsbedingungen:

- personenbezogene Daten, aus denen rassische oder ethnische Herkunft, politische Meinungen, religiöse oder weltanschauliche Überzeugungen einer Person hervorgehen;
- Gewerkschaftszugehörigkeit;
- genetische Daten, biometrische Daten, die ausschließlich zur eindeutigen Identifizierung einer natürlichen Person verarbeitet werden;
- Gesundheitsdaten;
- Daten zum Sexualleben oder zur sexuellen Orientierung einer Person

Diese Daten dürfen nur verarbeitet werden, wenn die betroffene Person eindeutig eingewilligt hat, oder unter anderem zum Schutz lebenswichtiger Interessen.

Doch viele Menschen stellen sich die Frage "Sind meine Daten wirklich relevant?"

Wir alle sind über die ein oder andere Plattform mit unserem persönlichen Umfeld wie Freundschaften und Familie, Arbeitskollegium oder Vereinsmitgliedschaften vernetzt. Das hat zur Folge, dass wir bei diesen Plattformen jede Menge Informationen über uns hinterlegen.

Auch, wenn wir die einzelnen Informationen, die wir dort hinterlassen, als unspektakulär, nicht sensibel oder irrelevant einschätzen: Durch die Masse an Informationen ist es möglich, recht detailreiche Profile über einzelne Personen zu erstellen, die mehr oder weniger gut zutreffen. „Genau", wendest du vielleicht ein, „mehr oder weniger: die richtigen Informationen sind in dem Datenmüll doch eh so gut zu finden wie eine Nadel im Heuhaufen." Doch dieser Aussage liegen zwei Irrtümer zugrunde:

1) Unterschätzung der Leistungsfähigkeit moderner Algorithmen

In der Forschung wurde zum Beispiel herausgefunden, dass ein Algorithmus in der Lage ist, allein durch ca. 300 Likes bei Facebook eine so zutreffende Einschätzung über die Charaktereigenschaften einer Person zu geben wie nahestehende Verwandte.

Ein schon älteres Beispiel ist das einer Teenagerin, bei der ein Versandhaus durch ihr Suchverhalten herausfand, dass sie schwanger ist.

2) Unterschätzung der Folgen von Falscheinschätzungen

Selbst, wenn man Algorithmen falsch einschätzt, können dadurch gravierende Nachteile entstehen, wie reale Fälle immer wieder dokumentieren:

- So wurde z. B. jemand aufgrund falscher Datenanalysen eines Verbrechen beschuldigt (Quelle: Der Standard),
- Es werden Kredite verweigert, z. B. weil lediglich die Bewohner im eigenen Viertel als unzuverlässig eingestuft werden (siehe das Beispiel zu Geoscoring bei Heise)
- Oder man bekommt weniger Unterstützung beim Arbeitsamt, weil ein Algorithmus schlechte Jobchancen ausgerechnet hat (siehe Beispiel aus Österreich).

Man sollte also ein großes Interesse daran haben, welche Daten über einen gespeichert und wie diese verarbeitet und analysiert werden. Leider hat man vermutlich keinen Einfluss auf die Firmen, die die Lieblingsportale betreiben oder auf die Politik, die Gesetze zur Regulierung entwirft (oder das tun könnte).

Wenn man also auf die Dienste nicht verzichten möchte – wie kann man einen digitalen Selbstschutz durchführen?

Ein Schutz in diesem Bereich funktioniert derzeit nur mit Datensparsamkeit, d.h. einfach nichts über diese Plattformen zu veröffentlichen, was nicht unbedingt sein muss. Das mag nur ein kleiner Beitrag sein – sollte einen aber nicht davon abhalten, mit diesen kleinen Tropfen den Stein zu höhlen.

11.9 Test: Personalpolitik und Beschäftigungsverhältnisse im öffentlichen Dienst

1. Welche Ziele verfolgt eine erfolgreiche Personalpolitik?

   ☐ a) Förderung der Tarifbindung

   ☐ b) Förderung einer produktiven Arbeitsweise

   ☐ c) Ausbau der Qualifikationen der Mitarbeiter

   ☐ d) Förderung des Wohlbefindens und der Gesundheit am Arbeitsplatz

2. Wie lässt sich die Aufgabe der Personalplanung vereinfacht zusammenfassen?

   ☐ a) Sie sorgt dafür, dass in Zukunft geschultes Personal in ausreichender Anzahl die Amtsgeschäfte durchführen kann.

   ☐ b) Sie sorgt dafür, dass der Tarifvertrag für den öffentlichen Dienst (TVöD) bei künftigen Arbeitsverträge einbezogen wird.

   ☐ c) Sie sorgt für eine hohe Tarifbindung in der gesamten öffentlichen Verwaltung.

   ☐ d) Sie sorgt dafür, dass das Auswahlverfahren für Bewerber auf deren konkrete künftige Stelle angepasst ist.

3. Welche der folgenden Bereiche sind Teil der Personalplanung?

   ☐ a) Personaleinsatz

   ☐ b) Personalbeschaffung

   ☐ c) Gesundheitsförderung am Arbeitsplatz

   ☐ d) Förderung einer produktiven Arbeitsweise

4. Welche Aspekte zählen zum Feld der Personaleinsatzplanung?

   ☐ a) Aufgabenzuweisung an Mitarbeiter

   ☐ b) Beendigung von Arbeitsverhältnissen

   ☐ c) Anwerbung neuer Mitarbeiter

   ☐ d) Vorbereitung des Austritts aus dem Arbeitsverhältnis

5. Welchen Mitarbeitern können nicht-hoheitliche Aufgaben übertragen werden?

☐ a) Ausschließlich Beamten

☐ b) Ausschließlich Angestellten

☐ c) Sowohl Beamten als auch Angestellten

☐ d) Keine der Antworten ist korrekt.

6. Wie wird das Rechtsverhältnis zwischen einer Behörde und einem Arbeitnehmer begründet?

☐ a) Durch Ernennung

☐ b) Durch Arbeitsvertrag

☐ c) Durch Beschäftigungsbescheid

☐ d) Durch Gemeinderatsbeschluss

7. Welche Aussage ist korrekt?

☐ a) Sowohl Angestellte als auch Beamte können befristet beschäftigt werden.

☐ b) Bei Angestellten ist eine befristete Beschäftigung unter den gesetzlichen Bestimmungen möglich.

☐ c) Sowohl bei Beamten als auch bei Angestellten ist keine befristete Beschäftigung möglich.

☐ d) Keine der Antworten ist korrekt.

8. Welche der folgenden Normen/Gesetze sind für das Arbeitsrecht von Relevanz?

☐ a) Tarifvertrag für den öffentlichen Dienst (TVöD)

☐ b) Betriebsverfassungsgesetz

☐ c) Verwaltungsverfahrensgesetz

☐ d) Tarifvertragsgesetz

9. Nach welchem Gesetz ist die Bildung von Gewerkschaften bzw. Arbeitnehmervereinigungen garantiert?

   ☐ a) Tarifvertragsgesetz

   ☐ b) Tarifvertrag für den öffentlichen Dienst (TVöD)

   ☐ c) Grundgesetz

   ☐ d) Teilzeit- und Befristungsgesetz

10. Welche Aussage in Bezug auf den Personalrat ist korrekt?

   ☐ a) Der Personalrat wirkt bei Anpassungen des Tarifvertragsgesetzes mit.

   ☐ b) Der Personalrat vertritt den Verband der kommunalen Arbeitgeber.

   ☐ c) Der Personalrat stellt die Interessenvertretung der Arbeitnehmer und Beamten in einer Verwaltungsbehörde dar.

   ☐ d) Der Personalrat wirkt bei der Gestaltung der dienstlichen Arbeitsbedingungen mit.

11. Zwischen welchen Parteien wird der Tarifvertrag für den öffentlichen Dienst (TVöD) geschlossen? Wähle aus den Folgenden die Tarifvertragsparteien aus!

   ☐ a) Deutscher Beamtenbund

   ☐ b) Vereinte Dienstleistungsgewerkschaft

   ☐ c) Vereinigung Kommunaler Arbeitgeberverbände

   ☐ d) Bundesrepublik Deutschland

12. Personalpolitik im öffentlichen Dienst umfasst alle Maßnahmen der Behörden gegenüber...

   ☐ a) der Personalstelle.

   ☐ b) der Personalleitung.

   ☐ c) den Mitarbeitern.

   ☐ d) der Behördenleitung.

13. Welche Ziele verfolgt die Personalpolitik?

- ☐ a) Sicherstellung der Aufgabenerfüllung durch Auswahl geeigneter Personen
- ☐ b) Förderung der Mitarbeitermotivation
- ☐ c) Ermöglichung von Karrierewegen
- ☐ d) Rechtzeitige Beendigung von befristeten Arbeitsverhältnissen

14. Welche Stelle in der Behörde gibt die Personalpolitik vor?

- ☐ a) Das Sachgebiet für Personalwesen
- ☐ b) Der Personalrat
- ☐ c) Die Behördenleitung (z. B. Stadtrat als Gremium)
- ☐ d) Der Betriebsrat

15. Welche Aufgaben trägt die Personalstelle in der Behörde?

- ☐ a) Festlegung der Personalpolitik
- ☐ b) Ausarbeitung von Vorschlägen für die Arbeit des Personalausschusses
- ☐ c) Umsetzung von personalpolitischen Maßnahmen
- ☐ d) Einreichung von Klagen vor dem Arbeitsgericht gegen Personalratsmitglieder

11.10 Lösungen: Personalpolitik und Beschäftigungsverhältnisse im öffentlichen Dienst

Aufgabe	Lösung	Aufgabe	Lösung	Aufgabe	Lösung
1.	b), c), d)	2.	a)	3.	a), b)
4.	a)	5.	c)	6.	b)
7.	b)	8.	a), b), d)	9.	c)
10.	c), d)	11.	a), b), c), d)	12.	c)
13.	a), b), c)	14.	c)	15.	b), c)

Lösungen der Auswahl-Fragen.

11.11 Test: Personal

1. Die Personalabteilung ist für die Personalbedarfsplanung und die Personalbeschaffung verantwortlich. Welche Bedarfsart bezeichnet den Personalbedarf durch ausscheidende Mitarbeiter?

   ☐ a) Neubedarf

   ☐ b) Ersatzbedarf

   ☐ c) Zusatzbedarf

2. Welche Möglichkeiten zur Personalbeschaffung kommen in Frage?

   ☐ a) Einschalten einer privaten Arbeitsvermittlung

   ☐ b) Interne Stellenausschreibung

   ☐ c) Stellenanzeigen in Tageszeitung / Jobbörsen aufgeben

3. Welche Vorteile hat die Vermittlung durch einen Personalberater?

   ☐ a) (Vor)-Auswahl der Bewerber erfolgt bereits = Zeitersparnis

   ☐ b) Bewerber sind durch den Vermittler bereits geschult und passen 100% auf die Posten.

   ☐ c) Der Vermittler berechnet nur dem Bewerber eine Vermittlungsgebühr.

4. Wie lang darf die maximale Probezeit sein.

   ☐ a) 3 Monate

   ☐ b) 5 Monate

   ☐ c) 6 Monate

5. Welches sind die Vorteile einer Probezeit?

☐ a) Der Arbeitnehmer lernt sein neues Arbeitsumfeld kennen.

☐ b) Der Arbeitgeber kann testen, ob der Arbeitnehmer dem Anforderungsprofil entspricht.

☐ c) Der Arbeitgeber prüft, ob soziale Anpassungsfähigkeit vorhanden und evtl. Teamarbeit möglich ist.

☐ d) Der Arbeitnehmer kann herausfinden, ob die Arbeit ihm gefällt und er der Herausforderung gewachsen ist.

6. Was versteht man unter einem Zeitlohn?

☐ a) Zeitlohn erhalten Arbeitnehmer nach ihrer tatsächlich geleisteten Arbeitszeit im Unternehmen. Er findet häufig Anwendung bei Mitarbeitern im Bürobereich.

☐ b) Zeitlohn erhalten Arbeitnehmer nach einer Tätigkeit, die in einer vorgegebenen Zeit erfolgt ist.

☐ c) Zeitlohn erhalten nur Mitarbeiter, die nur für eine bestimmte Zeit eingestellt wurden.

7. Welche Führungsstile gibt es?

☐ a) Beratender Führungsstil

☐ b) Demokratischer Führungsstil

☐ c) Autoritärer Führungsstil

8. Was versteht man unter einem Prämienlohn?

☐ a) Bei Sonderaufgaben erhält man eine Prämie zu dem Gehalt.

☐ b) Prämienlohn wird Arbeitnehmern bei Erreichung vorherig bestimmter Leistungsziele gezahlt.

☐ c) Prämienlohn erhält man nur beim ersten Gehalt.

9. Welche der folgenden Begriffe bezeichnet man als Lohnnebenkosten?

☐ a) Rentenversicherung

☐ b) Krankenversicherung

☐ c) Haftpflichtversicherung

☐ d) Arbeitslosenversicherung

10. Was ist der Unterscheid zwischen Bruttoentgelt und Nettoentgelt?

☐ a) Bruttoentgelt ist der Lohn vor Abzug aller Leistungen und Steuer.

☐ b) Nettoentgelt ist der Lohn vor Abzug aller Leistungen und Steuer.

☐ c) Brutto- und Nettoentgelt unterscheiden sich nicht. Sie werden nur in verschiedenen Berufen eingesetzt.

11.12 Lösungen: Personal

Aufgabe	Lösung	Aufgabe	Lösung	Aufgabe	Lösung
1.	b)	2.	a), b), c)	3.	a)
4.	c)	5.	a), b), c), d)	6.	a)
7.	a), b), c)	8.	b)	9.	a), b), d)
10.	a)				

Lösungen der Auswahl-Fragen.

11.13 Test: Beschäftigungsverhältnisse und Personalvertretung im öffentlichen Dienst

WAS IST ZU TUN?

Im Folgenden werden dir Fragen zu den Beschäftigungsverhältnissen und der Personalvertretung im öffentlichen Dienst gestellt. Zu jeder Frage werden vier Antwortmöglichkeiten angegeben. Wähle die richtige Antwort bzw. die richtigen Antworten!

1. Welche der folgenden Organisationen bzw. Einrichtungen fallen unter den Begriff "Öffentlicher Dienst"?

   ☐ a) Gemeindeverbände

   ☐ b) Stiftungen

   ☐ c) Zweckverbände

   ☐ d) Bundesagentur für Arbeit

2. Welcher der folgenden Berufsgruppen im öffentlichen Dienst sind häufiger keine hoheitlichen Befugnisse übertragen?

   ☐ a) Arbeitnehmer

   ☐ b) Beamte

   ☐ c) Soldaten

   ☐ d) Richter

3. Wie werden die Arbeitnehmer im öffentlichen Dienst gemäß dem Tarifvertrag (TVöD) bezeichnet?

   ☐ a) Berufene

   ☐ b) Beschäftigte

   ☐ c) Bewerber

   ☐ d) Arbeiter

4. Welche Aussage(n) in Bezug auf die Beschäftigungsverhältnisse im öffentlichen Dienst ist bzw. sind korrekt?

☐ a) Im öffentlichen Dienst sind sowohl Beamte als auch Arbeitnehmer tätig.

☐ b) Im öffentlichen Dienst spricht man von einem dualen Beschäftigungsverhältnis.

☐ c) Im öffentlichen Dienst spricht man von einem singulären Beschäftigungsverhältnis.

☐ d) Keine der Antworten ist korrekt.

5. Wodurch wird ein Beschäftigungsverhältnis im öffentlichen Dienst begründet?

☐ a) Ernennung

☐ b) Verwaltungsakt

☐ c) Arbeitsvertrag

☐ d) Praktikumsvertrag

6. Wie sind die Arbeitsbedingungen der Arbeitnehmer im öffentlichen Dienst geregelt?

☐ a) Durch einen Arbeitsvertrag

☐ b) Durch einen Tarifvertrag

☐ c) Durch gesetzliche Mindestbestimmungen

☐ d) Durch das Beamtenrecht

7. Welche Aussage in Bezug auf das Rechtsverhältnis Arbeitgeber – Arbeitnehmer im öffentlichen Dienst ist korrekt?

☐ a) Das Rechtsverhältnis ist nicht befristbar.

☐ b) Das Rechtsverhältnis ist unkündbar.

☐ c) Das Rechtsverhältnis ist befristbar und kündbar.

☐ d) Das Rechtsverhältnis ist unkündbar, darf jedoch von Beginn an befristet werden.

8. Auf welchem Weg erfolgt die soziale Absicherung der Arbeitnehmer im öffentlichen Dienst?

   ☐ a) Alimentation

   ☐ b) Pflichtversicherung

   ☐ c) Private Krankenversicherung

   ☐ d) Keine der Antworten ist korrekt.

9. Vor welchem Gericht können Arbeitnehmer im öffentlichen Dienst ihre Rechte gegenüber ihrem Arbeitgeber geltend machen?

   ☐ a) Verwaltungsgericht

   ☐ b) Amtsgericht

   ☐ c) Arbeitsgericht

   ☐ d) Landgericht

10. Welche der folgenden Punkte zählen zu den Aufgaben des Personalrats?

   ☐ a) Überwachung der Einhaltung von Arbeitnehmerrechten

   ☐ b) Durchführung der Personalversammlung

   ☐ c) Durchführung der Stadtrats- bzw. Gemeinderatssitzungen in kommunalen Verwaltungen

   ☐ d) Entgegennahme von Mitarbeiterbeschwerden

11.14 Lösungen: Beschäftigungsverhältnisse und Personalvertretung im öffentlichen Dienst

Aufgabe	Lösung	Aufgabe	Lösung	Aufgabe	Lösung
1.	a), c), d)	2.	a)	3.	b)
4.	a), b)	5.	c)	6.	a), b), c)
7.	c)	8.	b)	9.	c)
10.	a), b), d)				

Lösungen der Auswahl-Fragen.

11.15 Test: Methoden der Mitarbeiter- und Gesprächsführungn

1. Welche Eigenschaften lassen sich der "Sozialen Kompetenz" zuordnen?

   ☐ a) Überzeugungsfähigkeit

   ☐ b) Empathie

   ☐ c) Selbstreflexion

   ☐ d) Selbstkritik

2. Was versteht man unter Mitarbeiterführung?

   ☐ a) Steuerung und Einflussnahme auf das Verhalten von Mitarbeitern

   ☐ b) Überprüfung der Arbeitsergebnisse von Mitarbeitern

   ☐ c) Steuerung des mittleren Managements

   ☐ d) Keine der Antworten ist korrekt.

3. Was ist unter "Sozialer Kompetenz" zu verstehen?

   ☐ a) Anwendung verschiedener Methoden, um Führungsaufgaben zu bewältigen

   ☐ b) Kontinuierliche Arbeit an sich selbst

   ☐ c) Fähigkeiten, welche im Umgang mit anderen Menschen nützlich sind

   ☐ d) Keine der Antworten ist korrekt.

4. Welche Aspekte zählen zur Selbstkompetenz?

   ☐ a) Transparenz und Selbstkritik

   ☐ b) Empathie und aktives Zuhören

   ☐ c) Probleme lösen und Projekte steuern

   ☐ d) Keine der Antworten ist korrekt.

5. Welche Aspekte zählen zur Methodenkompetenz?

   ☐ a) Aufgaben delegieren

   ☐ b) Projekte steuern

   ☐ c) Probleme erkennen

   ☐ d) Fähigkeit zur Selbstkritik

6. Welche der folgenden Punkte stellen Ziele der Mitarbeiterführung dar?

   ☐ a) Förderung eines positiven Betriebsklimas

   ☐ b) Loyalität

   ☐ c) Förderung der persönlichen Entwicklung der Mitarbeiter

   ☐ d) Aktive Steuerung der Arbeitsergebnisse

7. Welches Instrument der Mitarbeiterführung sollten Führungskräfte zuerst anwenden, wenn sie ein neues Team leiten sollen?

   ☐ a) Zielvereinbarungen mit Teammitgliedern treffen

   ☐ b) Besondere Leistungen der Mitarbeiter hervorheben

   ☐ c) Einzelgespräche zur Analyse der Ist-Situation

   ☐ d) Keine der Antworten ist korrekt.

8. Was ist hinsichtlich einer erfolgreichen Gesprächsführung zu beachten?

   ☐ a) Vorab-Festlegung eines knappen zeitlichen Limits für das Gespräch

   ☐ b) Als Führungskraft zunächst immer nur die eigenen Ideen und Sichtweisen darstellen

   ☐ c) Offene Fragen stellen

   ☐ d) Aussagen des Gesprächspartners in eigenen Worten zusammenfassen

9. Was ist für eine offene und ehrliche Gesprächsatmosphäre entscheidend?

- ☐ a) Auseinandersetzung mit Sichtweisen des Gegenübers
- ☐ b) Zulassen von Gegenmeinungen
- ☐ c) Offene Fragen stellen
- ☐ d) Geschlossene Fragen stellen

10. Wozu dienen Zielvereinbarungen?

- ☐ a) Förderung der Motivation von Mitarbeitern
- ☐ b) Verbesserung der Arbeitsergebnisse
- ☐ c) Erhöhung der Produktivität
- ☐ d) Keine der Antworten ist korrekt.

11.16 Lösungen: Methoden der Mitarbeiter- und Gesprächsführung

Aufgabe	Lösung	Aufgabe	Lösung	Aufgabe	Lösung
1.	a), b)	2.	a), c)	3.	c)
4.	a)	5.	a), b), c)	6.	a), b), c)
7.	c)	8.	c), d)	9.	a), b), c)
10.	a), b), c)				

Lösungen der Auswahl-Fragen.

12 Bestände und Wertströme erfassen und dokumentieren

12.1 Bestandskonten in der Buchführung

In jeder Buchführung gibt es Bestandskonten, doch was ist das eigentlich genau? Wenn du die Systematik der Bestandskonten verstanden hast, kennst du die wesentlichen Prinzipien der Buchführung und verstehst die Grundsätze jedes Buchungssatzes.

Jeder Unternehmer muss einmal jährlich eine Bilanz aufstellen; der Weg dahin geht in der täglichen Büroarbeit über die doppelte Buchführung. Alle angefallenen Geschäftsvorgänge, z. B. der Kauf von Büromöbeln oder Material, werden nicht nacheinander in einer Tabelle aufgelistet. Das ginge zwar grundsätzlich auch, wäre aber anfällig für Fehler und zu umständlich für die Zusammenführung in eine Bilanz. Stattdessen wird jeder Vorgang zweimal gebucht - daher "doppelte" Buchführung: Einmal erscheint der Betrag im Soll, einmal im Haben. Dabei werden immer unterschiedliche Konten verwendet. Es gibt hierbei grundsätzlich folgende Arten von Konten:
(1) Bestandskonten und
(2) Erfolgskonten.

Die Bestandskonten werden verwendet, wenn Bestände des Unternehmers betroffen sind. Das ist beispielsweise bei folgenden Vorgängen der Fall:
=>Bestandskonto "Material" beim Einkauf von Rohmaterial
=>Bestandskonto "Bankkonto" beim Zugang einer Kundenzahlung
=>Bestandskonto "Forderungen" beim Verkauf an einen Kunden auf Rechnung
=>Bestandskonto "Verbindlichkeiten" bei Aufnahme eines Darlehens bei der Bank

Ziel der Bestandskonten ist es also, Auskunft über die Höhe der jeweiligen Bestände des Unternehmens zu geben. Dabei ist wichtig, dass zu Jahresbeginn die Bestände des jeweiligen Vorjahres (Anfangsbestände) übernommen und im laufenden Jahr fortgeschrieben werden. Dies ist ein wesentlicher Unterschied zu den Erfolgskonten, die jedes Jahr bei null anfangen.

Wie du sicherlich weißt, gibt es in der Bilanz eine Aktiv- und eine Passiv-Seite. Dieses grundlegende Prinzip gilt auch für die Bestandskonten; es gibt also aktive Bestandskonten (auch "Vermögenskonten" genannt) und passive Bestandskonten (auch "Kapitalkonten" genannt).

Beispiele für aktive Bestandskonten (stehen auf der Aktivseite der Bilanz):
=>Kasse
=>Rohmaterial
=>Maschinen
=>Grundstücke

Beispiele für passive Bestandskonten (stehen auf der Passivseite der Bilanz):
=>Eigenkapital
=>Rückstellungen
=>Verbindlichkeiten gegenüber Kreditinstituten

Sehr wichtig ist es, bei den Bestandskonten zu wissen, was auf der Aktivseite und was auf der Passivseite des jeweiligen Bestandskontos gebucht wird. Das musst du dir unbedingt merken:

Bei aktiven Bestandskonten (z. B. Konto "Rohmaterial") werden auf der Aktivseite (Soll)
=>Anfangsbestände (Vorjahreswert) und
=>Zugänge gebucht.
Auf der Passivseite (Haben) hingegen
=>Abgänge und
=>Schlussbestände (Saldo)

Bei passiven Bestandskonten (z. B. Konto "Verbindlichkeiten") ist es genau umgekehrt, es werden auf der Aktivseite (Soll)
=>Abgänge und
=>Schlussbestände (Saldo) gebucht.
Auf der Passivseite (Haben) hingegen
=>Anfangsbestände (Vorjahreswert) und
=>Zugänge

Beispiel 1:
Der Unternehmer Apfel nimmt ein neues Darlehen bei seiner Hausbank auf, das schon bald auf seinem Bankkonto ausbezahlt wird. Auf dem aktiven Bestandskonto "Bankkonto" wird dieser Vorgang im Soll (Aktivseite) gebucht, da das Bankkonto durch die Auszahlung einen Zugang (Bankkonto wird "mehr") hat. Die Gegenbuchung (doppelte Buchführung) erfolgt auf dem passiven Bestandskonto "Darlehen" im Haben, da das Darlehenskonto einen Zugang (Darlehen wird "mehr") hat. Der vollständige Buchungssatz lautet also: Bank an Darlehen

Beispiel 2:
Der Unternehmer Samson überweist die Löhne seiner Mitarbeiter mit seinem Bankkonto. Auf dem aktiven Bestandskonto "Bankkonto" wird dieser Vorgang im Haben (Passivseite) gebucht, da das Bankkonto durch die Überweisung einen Abgang (Bankkonto wird "weniger") hat. Die Gegenbuchung (doppelte Buchführung) erfolgt auf dem Erfolgskonto "Löhne " im Soll. Der vollständige Buchungssatz lautet daher: Löhne an Bank

Wie du siehst, sind die Grundlagen von Bestandskonten eigentlich ganz einfach. Du musst diese nur verstanden haben und die Verwendung der Buchungsseiten von aktiven und passiven Bestandskonten kennen. Mit diesem Wissen kannst du alle Buchungssätze richtig bilden, bei denen Bestandskonten vorkommen.

12.2 Einfache Buchungssätze

Es gibt in einem Unternehmen kein Geschäftsfall, bei dem man keinen Buchungssatz benötigt.

Wie setzt sich ein Buchungssatz zusammen?

Dazu muss man sich merken, dass bei einem Buchungssatz immer gilt: **Soll an Haben.**

Dann benennt man die betroffenen Konten (siehe Kontenrahmen):

- Handelt es sich um Aktiv- oder Passivkonten?
- Welches dieser Konten wird gemehrt, welches gemindert?

Jetzt kann der Buchungssatz nach dem Prinzip "Soll an Haben" gebildet werden.

Beispiel:

Ein Unternehmen kauft Ware ein. Die Bezahlung dieser Ware erfolgt zu einem späteren Zeitpunkt.

- Welche Konten sind betroffen? Waren und Verbindlichkeiten
- Handelt es sich um Aktiv- oder Passivkonten? Das Konto Waren ist ein Aktivkonto, da Waren auf der linken Seite der Bilanz stehen. Das Konto Verbindlichkeiten ist ein Passivkonto, da die Verbindlichkeiten auf der rechten Seite der Bilanz stehen.

Bei einem Buchungssatz, bei dem zwei Konten betroffen sind, spricht man von einem einfachen Buchungssatz. Bei einem Buchungssatz, der mehrere Konten berührt, spricht man von einem zusammengesetzten Buchungssatz.

12.3 Zusammengesetzte Buchungssätze

Bei der zusammengesetzten Buchung können mehrere Konten angesprochen werden, die sich entweder im Soll oder im Haben befinden. Zusammengesetzte Buchungssätze kommen bei realen Geschäftsvorfällen in Unternehmen häufiger vor als einfache Buchungssätze. Der Grund: Meistens ist noch mindestens eine Steuerart (z. B. die Mehrwertsteuer) zu berücksichtigen.

Umsatzsteuer

Die Umsatzsteuer wird vom Unternehmen auf der eigenen Ausgangsrechnung aufgeführt.

Merke: Verkauf = Umsatzsteuer

Da der Kunde den vollen Rechnungsbetrag zahlt, muss die darin enthaltene Umsatzsteuer an das Finanzamt abgeführt werden.

Vorsteuer

Die Vorsteuer wird dem Unternehmen auf einer Eingangsrechnung berechnet.

Merke: Einkauf = Vorsteuer

Da bei einer Rechnung die Gesamtsumme inkl. der Steuer bezahlt wurde, kann das zahlende Unternehmen diese Vorsteuer von seiner Umsatzsteuerlast abziehen. Der volle Steuersatz beträgt 19%. Der ermäßigte Steuersatz von 7% gilt für wichtige Nahrungsmittel, landwirtschaftliche Produkte, Bücher, Zeitschriften und Zeitungen.

12.4 Das Steuersystem der Bundesrepublik Deutschland

Die Bundesrepublik Deutschland gibt als Staat jeden Tag Milliarden an Euro aus: Bundeswehr, Straßenbau, Gesundheit, Polizei, Gemeindewesen, Sozialausgaben... In diesem Beitrag erfährst du, woher das Geld für diese Ausgaben kommt und wie sich der Staat in erster Linie finanziert.

Steuereinnahmen als Einnahmequelle Deutschlands

Die vornehmliche Einnahmequelle des Staates sind Steuereinnahmen. Es gibt **etwa 40 verschiedene Steuerarten**, die Bund, Länder und Gemeinden den verschiedenen Steuerzahlerinnen und Steuerzahlern auferlegen.

Dabei gilt der **Grundsatz**, die **Steuern gleichmäßig und gerecht zu gestalten** und nicht – wie viele Steuerbetroffene oft meinen – von möglichst vielen Steuerzahlerinnen und Steuerzahlern möglichst viel Geld einzubehalten.

Für "Steuern" gibt es eine offizielle Definition in der Abgabenordnung (§ 3 Absatz 1 AO), die man im Original wohl eher nur versteht, wenn man einen Sinn für Beamtendeutsch hat. **Die Definition lautet**:

"Steuern sind Geldleistungen, die nicht eine Gegenleistung für eine besondere Leistung darstellen und von einem öffentlich-rechtlichen Gemeinwesen zur Erzielung von Einnahmen allen auferlegt werden, bei denen der Tatbestand zutrifft, an denen das Gesetz die Leistungspflicht knüpft; die Erzielung von Einnahmen kann Nebenzweck sein".

"Übersetzt" heißt das: Erfüllen Personen und Unternehmen die in den Steuergesetzen definierten Regelungen, müssen sie an Behörden Geld bezahlen, für das sie keine Gegenleistung bekommen. Die Behörden wiederum nutzen diese Gelder zur Erzielung von Einnahmen, entweder als Hauptzweck oder als Nebenzweck.

Liegt für eine Geldzahlung eines Bürgers eine Gegenleistung einer Behörde vor, handelt es sich ausdrücklich nicht um eine Steuer. Dies ist beispielsweise der Fall, wenn du für deinen Personalausweis eine Bearbeitungsgebühr im Bürgerbüro bezahlen musst, um ihn zu erhalten. Der Ausweis ist die Gegenleistung für dein Geld.

Steuern müssen von verschiedenen Steuerpflichtigen gezahlt werden, so z. B. Arbeitnehmer, Unternehmen, Vereine, Hundebesitzer, Kaffeetrinker, Raucher, Selbständige und Lotteriespieler.

Steuerarten

Im deutschen Steuersystem können alle Steuern grundsätzlich in **drei** unterschiedliche **Kategorien unterteilt** werden, die jeweils angeben, worauf die Steuer erhoben wird:

Besitzsteuern

Besitzsteuern werden auf den "Besitz" eines Steuerpflichtigen erhoben; das können ein verdientes Einkommen (Arbeitslohn) oder ein Vermögen (Aktiendepots oder Erbschaften) sein. Beispiele für die Besitzsteuern sind die

- Einkommensteuer (Löhne und Gehälter),
- Körperschaftssteuer (Unternehmensgewinne),
- Gewerbesteuer (gewerbliche Erträge),
- Grundsteuer (Besitz von Grundstücken) oder
- Erbschaftssteuer (vererbtes Vermögen).

Die Besitzsteuern unterscheiden sich zusätzlich in zwei Bereiche: zum einen die Ertragssteuern (Steuern auf den Ertrag, z. B. die Einkommensteuer oder die Gewerbesteuer) und die Substanzsteuern (Steuern auf die Substanz, z. B. die Grundsteuer oder die Erbschaftssteuer).

Verkehrssteuern

Bei den Verkehrssteuern wird nicht der (Straßen-) Verkehr besteuert, sondern vielmehr alle Vorgänge des Rechts- und Wirtschaftsverkehrs – also alles, was sich im offiziellen Betrieb der Bundesrepublik Deutschland abspielt. Beispiele für die Verkehrssteuern sind die

- Umsatzsteuer (die zahlst du jeden Tag, wenn du im Wirtschaftsverkehr etwas kaufst),
- Kraftfahrzeugsteuer (für den Betrieb von Fahrzeugen),
- Luftverkehrsteuer (für das Abheben eines Flugzeugs) oder
- Rennwett- und Lotteriesteuer (für gewerbliche Wetteinsätze).

Verbrauchsteuern

Zudem unterscheidet man im Steuersystem noch Verbrauchsteuern. Wie der Name sagt, werden bei den Verbrauchsteuern der "Verbrauch" oder auch der "Gebrauch" von vornehmlich Lebensmitteln oder Genussmitteln besteuert. Bedeutendste Vertreter in dieser Kategorie sind die Biersteuer, Tabaksteuer, Stromsteuer und Kaffeesteuer.

Art der Steuerentrichtung: Direkte und indirekte Steuern

Eine weitere Unterscheidung wird nach der Art der Entrichtung der Steuer vorgenommen.

Direkte Steuern werden **unmittelbar** (direkt) **beim jeweiligen Steuerpflichtigen erhoben**, der oder die die Steuerbelastung zu tragen hat. Dies ist beispielsweise bei der Einkommensteuer der Fall. Betroffen sind hier die steuerpflichtigen und steuerbelasteten Arbeitnehmerinnen und Arbeitnehmer. Man kann daher sagen: **Direkte Steuern belasten den, der bzw. die sie schlussendlich zahlen muss.**

Bei den **indirekten** Steuern ist der **Steuerpflichtige nicht derjenige, der die Steuerbelastung trägt.** Ein Beispiel hierfür ist die Umsatzsteuer. Die Steuerbelasteten sind die Käufer einer Ware oder Dienstleistung, die Steuerpflichtigen aber die Händler und Unternehmer, die zur Abgabe einer Umsatzsteuererklärung verpflichtet sind. Sie behalten den Umsatzsteueranteil des Kaufpreises ein und sind verpflichtet, diesen an den Staat abzuführen.

Was sind die wichtigsten Steuerarten?

Einkommensteuer

Die Steuer mit dem höchsten Anteil am gesamten Steueraufkommen ist die Einkommensteuer. Im Jahr 2020 wurden beispielsweise Einkommensteuerbescheide in Höhe von über 275 Milliarden Euro ausgestellt. Grundlage für die Einkommensteuer sind sieben unterschiedliche Einkunftsarten:

- Einkünfte aus Land- und Forstwirtschaft
- Einkünfte aus Gewerbebetrieb
- Einkünfte aus selbständiger Arbeit
- Einkünfte aus nichtselbständiger Arbeit (Arbeitnehmer)
- Einkünfte aus Kapitalvermögen
- Einkünfte aus Vermietung und Verpachtung
- Sonstige Einkünfte (z. B. Renten)

Bei der Einkommensteuer werden natürlichen Personen (Arbeitnehmer, Selbständige) zur Kasse gebeten. Bei den Einkünften aus Land- und Forstwirtschaft, Gewerbebetrieb und selbständiger Arbeit spricht man auch von Gewinneinkunftsarten. Das steuerpflichtige Einkommen wird entweder durch eine Bilanz (Betriebsvermögensvergleich) oder eine Einnahmenüberschussrechnung (Differenz der Betriebseinnahmen und Betriebsausgaben) ermittelt.

Bei allen anderen Einkünften (**nichtselbständige Arbeit, Kapitalvermögen, Vermietung und Verpachtung, sonstige Einkünfte**) spricht man von **Überschusseinkunftsarten**. Besteuert wird hier die Differenz zwischen Einnahmen und Aufwendungen, die erforderlich waren, um die Einnahmen zu erwerben, zu sichern und zu erhalten. Diese Aufwendungen werden in der Steuersprache **Werbungskosten** genannt.

Im Rahmen der Einkommensteuer gibt es bestimmte **Erhebungsformen**, die dazu führen, dass dem Steuerpflichtigen vor der Auszahlung von Einnahmen Steueranteile abgezogen und abgeführt werden. Da die **Steuer an der "Quelle" abgezapft** wird, spricht man auch von **Quellensteuer**. Ein berühmtes Beispiel hierfür ist die Lohnsteuer: Bevor Arbeitnehmerinnen und Arbeitnehmer ihren Lohn auf das Bankkonto erhalten, muss der Arbeitgeber Lohnsteuer einbehalten und an das Finanzamt abführen. Da die Arbeitgeberinnen und Arbeitgeber die Steuerschuldner der Lohnsteuer (sie müssen sie abführen) sind, die Arbeitnehmerinnen und Arbeitnehmer aber abweichend die Steuerschuldner (sie sind damit belastet), ist die Lohnsteuer eine indirekte Steuer.

Körperschaftssteuer

Die Körperschaftssteuer ist die Einkommensteuer der Kapitalgesellschaften (GmbH, AG, Genossenschaften). Die Höhe der Steuer bemisst sich nach dem Gewinn der jeweiligen Gesellschaft, der nach den Vorschriften des Einkommensteuer- und Körperschaftssteuergesetzes zu ermitteln ist. Der Steuersatz beträgt 15 %.

Gewerbesteuer

Die Gewerbesteuer ist die wichtigste Steuer für die Kommunen und Gemeinden; das Steueraufkommen fließt ihnen vornehmlich zu. Zu zahlen ist diese Steuer von allen Unternehmen, die einen Gewerbebetrieb führen. Ziel der Gewerbesteuer ist also nicht eine Person, sondern der Gewerbebetrieb als Objekt. Basis für die Gewerbesteuer ist der Gewerbeertrag, der sich aus dem Gewinn des Unternehmens und verschiedenen Hinzurechnungen und Kürzungen ergibt. Die Höhe der Steuerbelastung kann jede Gemeinde durch einen individuellen Hebesatz festlegen.

Umsatzsteuer

Die Umsatzsteuer zählt neben der Einkommensteuer zu den wichtigsten Steuerarten des Staates. Die im umgangssprachlichen Gebrauch auch als Mehrwertsteuer bezeichnete Abgabe kommt bei nahezu jedem Verkaufsvorgang zum Ansatz. Die Steuer belastet die jeweiligen Endabnehmer in allen Stufen eines Herstellungsvorgangs: von der Rohstoffbeschaffung über die Fertigwaren bis hin zum Verkauf im Handel. Steuerschuldner der Umsatzsteuer ist in der Regel der Verkäufer, der die Umsatzsteuer in Höhe von 19 % (Regelsteuersatz) oder 7 % (ermäßigter Steuersatz) einbehalten und abführen muss. Gegenrechnen kann der Verkäufer die gezahlten Umsatzsteuerbeträge aus seinen Einkaufsvorgängen (Vorsteuer), so dass jeweils der geschaffene Mehrwert mit der Steuer belastet wird (daher auch der Name Mehrwertsteuer).

12.5 Organisation und Grundsätze ordnungsgemäßer Buchführung

In der Buchhaltung eines Unternehmens werden verschiedene Arten von Büchern geführt. Um welche Bücher es sich genau handelt, richtet sich dabei nach den betrieblichen Gegebenheiten.

Grundbuch

Das Grundbuch wird auch "Journal" genannt. In ihm werden alle Vorgänge in zeitlicher Abfolge gebucht. Grundlage hier sind Belege.

Hauptbuch

Im Hauptbuch sind alle Konten des Kontenplans erfasst. Hier werden alle Vorgänge sachlich betrachtet und gebucht.

Nebenbücher

Die Nebenbücher dienen zur weiteren Erläuterung von Sachkonten aus dem Hauptbuch.

- Kontokorrentbuch
- Lagerdatei
- Anlagedatei
- Lohn- und Gehaltslisten

Kontenrahmen

Der Kontenrahmen ist die systematische Gliederung aller Konten. Es gibt für verschiedene Wirtschaftszweige unterschiedliche Kontenrahmen, z.B. IKR Industriekontenrahmen, EKR Einzelhandelskontenrahmen.

Ein Kontenrahmen ist nach dem Zehnersystem aufgebaut, d.h. es gibt zehn Kontenklassen von 0-9. Der Kontenrahmen zeigt eine bestimmte Reihenfolge der Kontengliederung:

- Aktive Bestandskonten
- Passive Bestandskonten
- Ertragskonten
- Aufwandskonten
- Ergebnis oder Abschlusskonto
- Konto für die Kosten- und Leistungsrechnung

Buchungsbelege

Es gibt drei Arten von Belegen:

1. interne oder Eigenbelege
2. externe oder Fremdbelege
3. Ersatzbelege (Notbelege)

Die Bearbeitung von Belegen umfasst folgende Tätigkeiten:

- Überprüfen nach sachlicher und rechnerischer Richtigkeit
- Nummerierung und Sortierung der Belege nach Vorgabe des Kontenplans, kontieren, ablegen und aufbewahren.

Grundsätze ordnungsgemäßer Buchführung

Geschäftsfälle

In einem Unternehmen fallen viele verschiedene Geschäftsfälle an, z. B.:

- Rohstoffe werden eingekauft
- Kunden begleichen Forderungen
- Betriebliche Fahrzeuge werden gekauft
- Löhne und Gehälter müssen gezahlt werden
- Büromaterial wird angeschafft
- Mieten sind zu zahlen

Aus dieser Liste, die nur einen kleinen Teil der möglichen Geschäftsfälle aufzeigt, ist zu erkennen, dass nicht alle möglichen Geschäftsfälle im Kopf behalten werden können. Hieraus entsteht die Notwendigkeit, Geschäftsfälle schriftlich festzuhalten. Buchführung ist ein Zahlenwerk, das alle Geschäftsfälle eines Unternehmens in einer bestimmten Ordnung systematisch und vollständig erfasst, verarbeitet und verwaltet.

Aufgaben der Buchführung

Für das Unternehmen selbst erfüllt die Buchführung folgende Aufgaben:

1. Sie stellt die Vermögens- und Schuldwerte fest.
2. Sie gibt einen Überblick über die Geschäftslage, wie z. B.: Forderungen an Kunden, den Kassenbestand oder die Einkäufe.
3. Sie ermittelt den Unternehmenserfolg.
4. Sie dient als Grundlage zur Preiskalkulation.
5. Sie liefert die Daten für außerbetriebliche Vergleiche, innerbetriebliche Zeitvergleiche und für innerbetriebliche Kontrollen.
6. Sie ist ein Beweismittel zur Klärung von gerichtlichen Streitfällen.

Zu dem Eigeninteresse kommt das Fremdinteresse Außenstehender an der Buchführung z.B. bildet die Buchführung für den Staat die Grundlage für:

1. Besteuerung
2. Ermittlung der Umsatzsteuerlast
3. Bemessung der Lohnsteuer

Daher sind Kaufleute zur Buchführung verpflichtet.

Vorschriften der Buchführung

Die Vorschriften der Buchführung sind in den folgenden Gesetzen und Verordnungen geregelt:

- Handelsgesetzbuch (HGB)
- Abgabenordnung (AO)
- Körperschaftssteuergesetz (KStG)
- Umsatzsteuergesetz (UStG)
- Einkommensteuergesetz (EStG)
- Gewerbesteuergesetz (GewStG)
- Aktiengesetz (AktG)
- Genossenschaftsgesetz (GenG)
- GmbH-Gesetz (GmbHG)

12.6 Umsatzsteuer

Mit der Umsatzsteuer wird der **Güter- und Leistungsaustausch** besteuert. Ein Unternehmen, welches Waren vertreibt, muss die eingenommene Steuer an das Finanzamt abführen. Zugleich zahlt das Unternehmen für eingekaufte Güter selbst Umsatzsteuer. Jeder Warenverkauf und -ankauf wird somit besteuert. Der Regelsatz beträgt gemäß § 12 Umsatzsteuergesetz (UStG) 19%. Dieser wird auf den Netto-Rechnungsbetrag berechnet.

Soweit keine Steuerbefreiung vorliegt, unterliegen die Umsätze, welche im Inland ausgeführt werden, der **Umsatzsteuerpflicht (steuerbare Umsätze).**

Hierzu gehören:

- Lieferungen (z. B. Warenlieferungen)
- Sonstige Leistungen (Erbringung von Dienstleistungen)
- Innergemeinschaftliche Erwerbe (z. B. Warenbezüge aus EU-Staaten)
- Einfuhren aus dem Drittlandsgebiet (z. B. Warenbezüge aus nicht EU-Staaten)

Umsätze, welche **nicht der Umsatzsteuerpflicht** unterliegen, sind:

- Vermietung und Verpachtung von Grundstücken
- Veräußerung von Grundstücken

- Umsätze aus der Tätigkeit als Versicherungsvertreter
- Umsätze aus der Tätigkeit als Arzt, Zahnarzt, Heilpraktiker, Hebamme
- Umsätze bestimmter kultureller Einrichtungen
- Umsätze bestimmter allgemeinbindender oder berufsbildender Einrichtungen (z. B. Schulen, selbständige Lehrer)

Der ermäßigte Umsatzsteuersatz von 7% USt gilt für Lebensmittel, Bücher, Personennahverkehr, Konzerttickets oder Tickets für Theater und Museen.

Grundsätzlich sind alle Unternehmen ab einer Umsatzgrenze von 22.000 EUR pro Jahr umsatzsteuerpflichtig. Liegt ein Unternehmen unterhalb dieser Schwelle, so spricht man von Kleinunternehmen. Die gesetzliche Grundlage ist § 19 Abs. 1 des Umsatzsteuergesetzes (UStG): Darin ist festgelegt, dass Kleinunternehmer, deren Umsatz im vergangenen Jahr unter 17.500 EUR lag und im laufenden Jahr nicht höher als 50.000 EUR sein wird, von der Umsatzsteuerpflicht befreit sind.

Die Umsatzsteuer wird auf das Entgelt berechnet. Das Entgelt ist der Preis der Leistungen, welche der Unternehmer erbracht hat. Das Entgelt ist der Preis ohne Umsatzsteuer: man spricht hier auch vom Nettoentgelt.

Berechnung:

Das Unternehmen Ihrewebsite.de erstellt für einen Kunden eine Website. Das Unternehmen verlangt hierfür einen Betrag von 2.975,- EUR. Die daraus entfallene Umsatzsteuer berechnet sich wie folgt:

Brutto-Betrag: 2.975,- EUR

abzüglich 19% USt: 475,- EUR

Netto-Betrag: 2.500,- EUR

Der Brutto-Betrag entspricht 119%. Der Netto-Betrag entspricht 100%. Aufgaben, bei denen die Umsatzsteuer berechnet werden muss, lassen sich mit dem Dreisatz lösen. Der angegebene Brutto-Betrag entspricht dabei 119%. Der gesuchte Netto-Betrag entspricht 100%.

2.975,- EUR entspricht 119%

“x” (gesuchter Betrag) entspricht 100%

Die Lösung lautet: 2.975 x 100 / 119 = 2.500

12.7 Zuschlagskalkulation

Die Zuschlagskalkulation als Kalkulationsverfahren wird auch Industrie- oder Angebotskalkulation genannt. Hier findest du die Zuschlagskalkulation als Angebotskalkulation der Industriekalkulation.

Das Kalkulationsschema (Zuschlagskalkulation)

Fertigungsmaterial (Einzelkosten)

+ Materialgemeinkosten

= Materialkosten

Fertigungslöhne (Einzelkosten)

+ Fertigungsgemeinkosten

+ Sondereinzelkosten der Fertigung

= Fertigungskosten

= Materialkosten + Fertigungskosten = Herstellungskosten

+ Verwaltungsgemeinkosten

+ Vertriebsgemeinkosten

+ Sondereinzelkosten des Vertriebs

= Selbstkosten

+ Gewinnzuschlag

= Vorläufiger Verkaufspreis

+ Vertreterprovision

= Nettobarverkaufspreis

+ Skonto

= Nettozielverkaufspreis

+ Umsatzsteuer

= Bruttozielverkaufspreis

Beispiel:

Für die Durchführung eines Einzelauftrages sind folgende Einzelkosten entstanden:

- Materialeinzelkosten: 450 €
- Lohneinzelkosten: 1.480 €
- Sondereinzelkosten der Fertigung (Spezialwerkzeuge): 383 €
- Sondereinzelkosten des Vertriebs (Verpackung und Fracht): 214 €
- Der Betrieb kalkuliert mit Gemeinkostenzuschlägen für
- Materialgemeinkosten: 18%
- Fertigungsgemeinkosten: 95%
- Verwaltungsgemeinkosten (bezogen auf die Herstellungskosten): 14%
- Vertriebsgemeinkosten (bezogen auf die Herstellungskosten): 8%

Aufgabe: Ermittele die Herstellungs- und die Selbstkosten des Auftrags. Verwende das Kalkulationsschema.

Fertigungsmaterial(Einzelkosten) 450 €

+ Materialgemeinkosten 450 × 0,18 = 81 €

= Materialkosten 531 €

Fertigungslöhne (Einzelkosten) 1.480 €

+ Fertigungsgemeinkosten 1.480 × 0,95 = 1.406 €

+ Sondereinzelkosten der Fertigung 383 €

= Fertigungskosten 3.269 €

= Materialkosten + Fertigungskosten = Herstellkosten 531 € + 3.269 € = 3.800 €

+ Verwaltungsgemeinkosten 3.800 € × 0,14 = 532 €

+ Vertriebsgemeinkosten 3.800 € × 0,08 = 304 €

+ Sondereinzelkosten des Vertriebs 214 €

= Selbstkosten 4.850 €[/box]

12.8 Abschreibungen

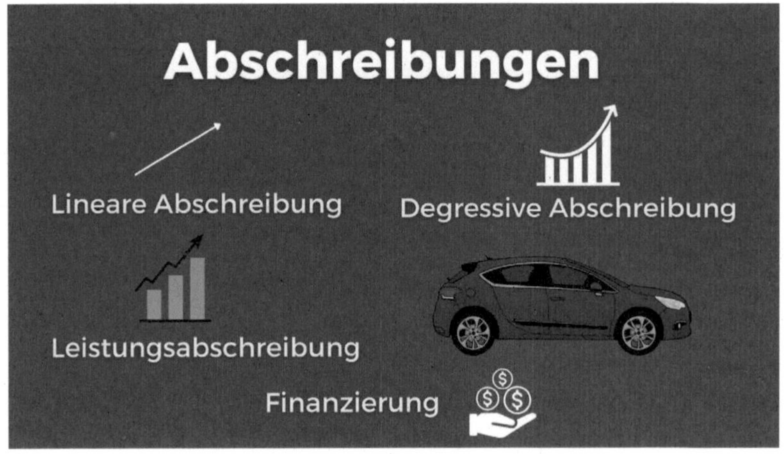

Scanne den QR Code, um zum Video zu gelangen:

Abschreibung in der IHK Prüfung

Wie du sicher schon weißt, sind Abschreibungen ein wichtiges Thema in der IHK Prüfung. Genau deswegen widmen wir uns in diesem Beitrag diesem Thema ausführlicher.

Lineare Abschreibung

Die lineare Abschreibung ist die einfachste Form der Abschreibung.

Die Formel für die lineare Abschreibung:

Abschreibung = Anschaffungskosten
bzw.
Herstellungskosten / Nutzungsdauer

Die **Vorteile der linearen Abschreibung** sind:
Der Abschreibungsbetrag lässt sich rechnerisch recht einfach ermitteln. Die Nutzungsdauer lässt sich beispielsweise aus einer AfA Tabelle (Tabelle, mit deren Hilfe die betriebsgewöhnliche Nutzungsdauer eines Wirtschaftsgutes des Anlagevermögens bestimmt wird) entnehmen. Diese Tabelle wird von den deutschen Steuerbehörden ausgegeben.
Der Abschreibungswert bleibt jährlich konstant. Er ist somit einfach in der Bilanz zu erfassen.
Der Aufwand ist in allen Perioden gleich und lässt sich daher leichter planen.
Rein steuerrechtlich gesehen ist es eine sehr gute Abschreibungsmethode.

Ein wesentlicher **Nachteil der linearen Abschreibung** ist allerdings, dass die Leistung bzw. die Beanspruchung der Maschinen nicht richtig berücksichtigt wird (z.B. bei starker oder geringer Beanspruchung von Maschinen).

Beispielrechnung lineare Abschreibung

Nehmen wir an, wir möchten einen PC anschaffen. Den Kauf tätigen wir am 26. Januar 2022. Der Einkaufspreis beträgt 1.500,00 EUR.
Im ersten Jahr dürfen wir den vollen Abschreibungsbetrag abschreiben. Warum? Weil sich das Kaufdatum im Januar desselben Jahres befand. In unserem Beispiel beträgt die Nutzungsdauer laut AfA Tabelle drei Jahre.
Der Abschreibungsbetrag ermittelt sich bei der linearen Abschreibung aus dem Anschaffungswert (1.500,00 EUR) durch die Nutzungsdauer (drei Jahre). Dies ergibt somit einen Abschreibungsbetrag im ersten Jahr von 500 EUR. Der Restbuchwert beträgt im ersten Jahr 1.000,00 EUR. Im zweiten Abschreibungsjahr haben wir wieder den gleichen Abschreibungsbetrag, also 500,00 EUR. Der Restbuchwert beträgt nach dem zweiten Jahr somit nur noch 500,00 EUR. Im dritten Jahr haben wir wieder einen Abschreibungsbetrag in Höhe von 500,00 EUR, der Restbuchwert ist auf null Euro gesetzt. Das Ergebnis: Nach drei Jahren haben wir unseren PC vollständig abgeschrieben.

Prüfungsfrage zur linearen Abschreibung

Unser Tipp: Zur Beantwortung der Prüfungsfragen solltest du dir – sofern nicht längst geschehen – spätestens jetzt das Video anschauen.

1. Prüfungsfrage: "Geben Sie drei Kriterien an, die bei einer linearen Abschreibung zu berücksichtigen sind."

Ließ dir in Ruhe die angegebenen Antworten durch und vergleiche die Aussagen mit den zuvor genannten Vor- und Nachteilen zur linearen Abschreibung. Pausiere dazu kurz das Video. Nach deinen Antworten kommt die Auflösung.

Kommen wir zur Lösung:
Der wesentliche Vorteil der linearen Abschreibung liegt in der einfachen Berechnung - ohne jeglichen Nachweis der Nutzung. Somit kann die erste Antwort nicht richtig sein.
Der Abschreibungsbetrag ist in jedem Nutzungsjahr gleich hoch. Antwort zwei ist somit richtig.
Es wird eine gleichmäßige Nutzung und Wertminderung unterstellt, ist ebenfalls richtig.
Die Abschreibungsbeträge können nicht schwanken, denn sie bleiben jedes Jahr gleich - diese Antwort ist somit falsch.
Bei technischer Abnutzung gibt es andere Abschreibungsmethoden, die sich besser eignen. Auch diese Auswahlantwort ist falsch.
Die Formel für die lineare Abschreibung lautet: Anschaffungskosten dividiert durch die Nutzungsdauer ergibt den jährlichen Abschreibungsbetrag. Das ist korrekt.

Degressive Abschreibung

Wenn von "degressiver Abschreibung" gesprochen wird, wird meist die geometrisch degressive Abschreibung gemeint (Bitte beachte: Neben der geometrisch degressive Abschreibung gibt es weitere Sonderformen).

Die Formel der degressiven Abschreibung lautet:

Abschreibungssatz (der ermittelte Prozentsatz) * Restbuchwert

Der Restbuchwert muss in jedem Abschreibungsjahr neu berechnet werden, um den Abschreibungsbetrag zu ermitteln (siehe "lineare Abschreibung").

Der **Vorteil der degressiven Abschreibung** ist vor allem, dass wirtschaftliche Ursachen gut berücksichtigt sind. Der Wertverlust ist nämlich bei beweglichen Wirtschaftsgütern, wie z.B. bei einem PKW, in den Anfangsjahren höher. Reparaturkosten sind dagegen am Anfang niedriger als später. (Gut zu wissen: Höhere Abschreibungsbeträge am Anfang können sich steuerlich positiv auswirken.)

Die **Nachteile der degressiven Abschreibung** sind, diese:
Die Ermittlung der Abschreibungsbeträge ist deutlich komplizierter. Meist muss die geänderte Gesetzeslage hinsichtlich der Abschreibungssätze berücksichtigt werden. Zudem wird die degressive Abschreibung in einem Abschreibungsplan mit anderen Abschreibungsmethoden kombiniert.
Die Abschreibungsquoten verhalten sich umgekehrt zum Verschleiß. Während der Verschleiß zunimmt, werden die Abschreibungsquoten geringer.

Prüfungsfrage zur degressiven Abschreibung
Unser Tipp: Schaue dir dazu wieder das Video an.
2. Prüfungsfrage: "Geben Sie 2 Kriterien an, die bei einer geometrisch-degressiven Abschreibung zu berücksichtigen sind!"

Ließ dir wieder in Ruhe die angegebenen Antworten durch und vergleiche die Aussagen mit den zuvor genannten Vor- und Nachteilen zur degressiven Abschreibung. Pausiere dazu kurz das Video. Nach deinen Antworten folgt die Auflösung.

Wir kommen zur Auflösung der Frage:
Die Formel der degressiven Abschreibung hängt nicht mit der jährlichen Nutzung der Anlage zusammen - Antwort 1 ist nicht richtig.
Der Abschreibungsbetrag ändert sich, da wir einen prozentualen Anteil vom Restbuchwert nehmen - Antwort 2 ist ebenfalls nicht richtig.
Der jährliche Abschreibungsbetrag sinkt um den gleichen Prozentsatz - Diese Antwort ist richtig.
Der jährliche Abschreibungsbetrag sinkt um den gleichen Betrag - Diese Antwort ist falsch, da sich der Betrag jedes Jahr ändert.
Diese Abschreibungsmethode ist in jedem Fall bei beweglichen Wirtschaftsgütern anzuwenden, beispielsweise bei einem PKW.
Anschaffungskosten dividiert durch Nutzungsdauer ergibt den jährlichen AfA-Betrag. Diese Formel gilt für die lineare Abschreibung, jedoch nicht für die degressive Abschreibung.

Leistungsabschreibung

Die Abschreibungsbeträge setzen sich bei der Leistungsabschreibung aus den Anschaffungskosten bzw. den Herstellungskosten dividiert durch die Gesamtleistung einer Anlage zusammen.

Die Formel lautet demnach:

Anschaffungskosten (Herstellungskosten) / Gesamtleitung einer Anlage

Die **Vorteile der Leistungsabschreibung:**
Bei starken Produktionsschwankungen kann die Abnutzung genauer erfasst werden.
Der Verschleiß wird verursachungsgerecht erfasst, spricht: Wenn mehr produziert wird, wird auch mehr von der Maschine abgeschrieben.

Nachteilig ist allerdings die Nachweispflicht. Die Laufstunden von Maschinen müssen beispielsweise protokolliert werden. Die Abschreibungsmethode wird nur für bewegliche Wirtschaftsgüter angewandt. Zur Erfassung von reinem Zeitverschleiß ist diese Methode nicht geeignet.

Prüfungsfrage zur Leistungsabschreibung
Unser Tipp: Schaue dir dazu wieder das Video an.
3. Prüfungsfrage: "Geben Sie drei Kriterien an, die bei einer Abschreibung nach Leistungseinheiten zu berücksichtigen sind!"

Pausiere auch hier wieder das Video. Beantworte die Frage und schaue dir danach die Lösung zu den drei Kriterien der Leistungsbeschreibung an.

Wir kommen zur Auflösung der Frage:

Richtig ist, dass wir die jährliche Nutzung nachweisen müssen.
Der Abschreibungsbetrag ist von der Leistung abhängig, somit nicht jedes Jahr gleich hoch.
Die Nutzung der Anlage kann jedes Jahr unterschiedlich sein – diese Tatsache ist ein wesentlicher Vorteil der Leistungsabschreibung, jedoch kein Nachteil.
Bei technischen Abnutzungen ist es die beste Abschreibungsmethode.
Die angezeigte Formel steht wieder für die lineare Abschreibung, jedoch nicht für die Leistungsabschreibung.

Zusammenhang Abschreibung und Unternehmensfinanzierung

Abschließend klären wir die Frage, was Abschreibungen mit der Unternehmensfinanzierung zu tun haben.

Abschreibungen wirken sich auf die Bilanz eines Unternehmens in Form von Abgrenzungen für Abnutzung gewinnmindernd aus. Das führt dazu, dass wir von innen heraus einen Teil der Gewinne nicht steuerrechtlich abführen müssen, sondern im Unternehmen für die Finanzierung von neuen Anlagen einbehalten dürfen. Da dies aus dem Unternehmen heraus geschieht (und somit ohne zusätzliche Fremdmittel) sprechen wir bei der Abschreibung (genau wie bei dem Gewinn) von einer Form von Innenfinanzierung sowie einer Eigenfinanzierung.

Prüfungsfrage zum Zusammenhang Abschreibung und Unternehmensfinanzierung
4. Prüfungsfrage: "Am Jahresende wird in ihrem Unternehmen eine Thermopresse bilanziell abgeschrieben. Was haben Sie dabei zu beachten?"
Pausiere auch hier wieder das Video. Entscheide dich für eine der vorgegebenen Antworten und schaue dir die richtige Antwort zur bilanziellen Abschreibung an.

Kommen wir wieder zur Lösung:
Wie wir gelernt haben, werden Abschreibung der Eigenfinanzierung zugerechnet.
Aus der Afa-Tabelle der Finanzbehörden wird die Nutzungsdauer entnommen, nicht jedoch die Abschreibungswerte.
Für die Festlegung der Abschreibungssätze gibt es klare Richtlinien. Bei einer Leistungsbeschreibung können sich die Abschreibungsbeträge jedes Jahr ändern – dies ist in jedem Fall richtig.
Im ersten Jahr darf der Afa-Betrag nur als voller Jahresbetrag verbucht werden, wenn die Anlage im Januar angeschafft wurde. Sonst nur anteilig auf den Monat bezogen.

Fazit Abschreibung

Das Thema Abschreibung spielt eine große Rolle. Zu den drei wichtigsten Abschreibungsmethoden gehören die lineare Abschreibung, die degressive Abschreibung sowie die Leistungsabschreibung. Alle Abschreibungsmethoden haben sowohl Vor- als auch Nachteile. Bereitest du dich optimal auf dieses Thema vor, sollten Prüfungsfragen zur Abschreibung kein Problem mehr für dich sein.

12.9 Test: Einfache Buchungssätze

WAS IST ZU TUN?

Wir zeigen dir einige Geschäftsfälle an. Du wählst das passende Konto im SOLL und im HABEN aus.

1. Es gibt eine Barabhebung vom Bankkonto.

   ○ a) Kasse an Bank

   ○ b) Bank an Kasse

   ○ c) Bank an Verbindlichkeiten aus Lieferungen und Leistungen

   ○ d) Verbindlichkeiten aus Lieferungen und Leistungen an Bank

2. Das Finanzamt erstattet uns einen Vorsteuerüberhang durch Banküberweisung.

   ○ a) Umsatzsteuer an Bank

   ○ b) Bank an Umsatzsteuer

   ○ c) Vorsteuer an Bank

3. Banküberweisung der Zahllast an das Finanzamt

   ○ a) Bank an Umsatzsteuer

   ○ b) Vorsteuer an Bank

   ○ c) Umsatzsteuer an Bank

   ○ d) Bank an Vorsteuer

4. Die Löhne der Angestellten werden per Banküberweisung ausgezahlt.

   ○ a) Bank an AW Lohn

   ○ b) Kasse an Lohn

   ○ c) Verbindlichkeiten an Mitarbeiter

   ○ d) AW Lohn an Bank

5. Die Kasse wird mit Bargeld aufgefüllt.

○ a) Kasse an Bank

○ b) Bank an Kasse

○ c) Kassenbestand an Verbindlichkeiten

○ d) Privateinlage an Kasse

6. Eine Maschinenreparatur wird mit Bargeld bezahlt.

○ a) Kasse an AW Reparaturen

○ b) Instandhaltung an Kasse

○ c) Kassen an Material

○ d) AW Reparatur an Kasse

7. Barkauf eines Computers für private Zwecke

○ a) Kasse an Privatentnahme

○ b) Privatentnahme an Kasse

○ c) Kasse an Privateinlage

○ d) Privateinlage an Kasse

8. Kauf einer Lagerhalle gegen Banküberweisung

○ a) Bank an Bebaute Grundstücke

○ b) Bebaute Grundstücke an Hypothekenschulden

○ c) Bebaute Grundstücke an Bank

○ d) Hypothekenschulden an Bebaute Grundstücke

9. Rechnungsausgleich durch Kunden per Banküberweisung

 ◯ a) Verbindlichkeiten aus Lieferungen und Leistungen an Bank

 ◯ b) Bank an Verbindlichkeiten aus Lieferungen und Leistungen

 ◯ c) Bank an Forderungen aus Lieferungen und Leistungen

 ◯ d) Forderungen aus Lieferungen und Leistungen an Bank

10. Eine Darlehensschuld wird durch eine Banküberweisung getilgt.

 ◯ a) Bank an Darlehensschulden

 ◯ b) Verbindlichkeiten aus Lieferungen und Leistungen an Bank

 ◯ c) Bank an Verbindlichkeiten aus Lieferungen und Leistungen

 ◯ d) Darlehensschulden an Bank

11. Eine Lieferantenrechnung wird per Banküberweisung gezahlt.

 ◯ a) Bank an Verbindlichkeiten aus Lieferungen und Leistungen

 ◯ b) Kasse an Bank

 ◯ c) Verbindlichkeiten aus Lieferungen und Leistungen an Bank

 ◯ d) Bank an Kasse

12. Es wurden Hilfsstoffe laut Materialentnahmeschein für die Fertigung aus dem Lager entnommen.

 ◯ a) Hilfsstoffe an Aufwendungen für Hilfsstoffe

 ◯ b) Hilfsstoffe an Verbindlichkeiten aus Lieferungen und Leistungen

 ◯ c) Aufwendungen für Hilfsstoffe an Hilfsstoffe

 ◯ d) Verbindlichkeiten aus Lieferungen und Leistungen an Hilfsstoffe

13. Abschluss des Kontos Vorsteuer zur Ermittlung der Zahllast

 - ○ a) Umsatzsteuer an Vorsteuer
 - ○ b) Vorsteuer an Umsatzsteuer
 - ○ c) Bank an Vorsteuer
 - ○ d) Vorsteuer an Bank

14. Wie lautet der Buchungssatz für Abschreibungen auf Maschinen?

 - ○ a) Bank an Maschinen
 - ○ b) Maschinen an Abschreibungen auf Sachanlagen
 - ○ c) Abschreibungen auf Sachanlagen an Maschinen
 - ○ d) Maschinen an Bank

15. Abschluss des Gewinn- und Verlustkontos (Gewinn)

 - ○ a) Eigenkapital an Gewinn- und Verlustkonto
 - ○ b) Gewinn- und Verlustkonto an Schlussbilanzkonto
 - ○ c) Gewinn- und Verlustkonto an Eigenkapital
 - ○ d) Schlussbilanzkonto an Gewinn- und Verlustkonto

12.10 Lösungen: Einfache Buchungssätze

Aufgabe	Lösung	Aufgabe	Lösung	Aufgabe	Lösung
1.	a)	2.	b)	3.	c)
4.	d)	5.	a)	6.	d)
7.	b)	8.	c)	9.	c)
10.	d)	11.	c)	12.	c)
13.	a)	14.	c)	15.	c)

Lösungen der Auswahl-Fragen.

12.11 Test: Zusammengesetzte Buchungssätze

WAS IST ZU TUN?

Wir zeigen dir einige Geschäftsfälle. Deine Aufgabe ist es, die passenden Konten im SOLL und im HABEN auszuwählen.

1. Verkauf von Fertigerzeugnissen auf Ziel, 19% Umsatzsteuer

   ◯ a) Forderungen aus Lieferungen und Leistungen an Umsatzerlöse und an Vorsteuer

   ◯ b) Forderungen aus Lieferungen und Leistungen an Umsatzerlöse und an Umsatzsteuer

   ◯ c) Forderungen aus Lieferungen und Leistungen an fertige Erzeugnisse und an Umsatzsteuer

   ◯ d) Forderungen aus Lieferungen und Leistungen an fertige Erzeugnisse und an Vorsteuer

2. Zielkauf von Rohstoffen laut Eingangsrechnung, 19% Umsatzsteuer

   ◯ a) Rohstoffe und Vorsteuer an Verbindlichkeiten aus Lieferungen und Leistungen

   ◯ b) Rohstoffe und Umsatzsteuer an Verbindlichkeiten aus Lieferungen und Leistungen

   ◯ c) Forderungen aus Lieferungen und Leistungen an Umsatzerlöse und an Umsatzsteuer

   ◯ d) Forderungen aus Lieferungen und Leistungen an Umsatzerlöse und an Vorsteuer

3. Bareinkauf von Büromaterial (19% Mehrwertsteuer)

   ◯ a) Büromaterial und Vorsteuer an Kasse

   ◯ b) Büromaterial an Kasse und an Umsatzsteuer

   ◯ c) Büromaterial an Kasse und an Vorsteuer

   ◯ d) Büromaterial und Mehrwertsteuer an Kasse

4. Wir begleichen eine Eingangsrechnung für Rohstoffe in bar und den Rest durch Banküberweisung.

   ○ a) Kasse und Bank an Verbindlichkeiten aus Lieferungen und Leistungen

   ○ b) Rohstoffe an Kasse und an Bank

   ○ c) Verbindlichkeiten aus Lieferungen und Leistungen an Kasse und an Bank

   ○ d) Kasse und Bank an Forderungen aus Lieferungen und Leistungen

5. Der Verkauf des abgeschriebenen Firmenfahrzeugs gegen bar (19% Umsatzsteuer / Buchung des Verkaufserlöses)

   ○ a) Kasse an Sonstige Erlöse und an Umsatzsteuer

   ○ b) Kasse an Fuhrpark und an Umsatzsteuer

   ○ c) Kasse an Sonstige Erlöse und an Vorsteuer

   ○ d) Kasse an Fuhrpark und an Vorsteuer

6. Bezugskosten für Rohstoffeinkauf bar bezahlt, 19% Umsatzsteuer

   ○ a) Rohstoffe und Vorsteuer an Kasse

   ○ b) Bezugskosten für Rohstoffe und Vorsteuer an Kasse

   ○ c) Bezugskosten für Rohstoffe und Umsatzsteuer an Kasse

   ○ d) Rohstoffe und Umsatzsteuer an Kasse

7. Wir senden Rohstoffe an den Lieferanten zurück.

   ○ a) Verbindlichkeiten aus Lieferungen und Leistungen an Rohstoffe und an Umsatzsteuer

   ○ b) Verbindlichkeiten aus Lieferungen und Leistungen und Vorsteuer an Rohstoffe

   ○ c) Verbindlichkeiten aus Lieferungen und Leistungen und Umsatzsteuer an Rohstoffe

   ○ d) Verbindlichkeiten aus Lieferungen und Leistungen an Rohstoffe und an Vorsteuer

8. Wir erhalten eine Gutschrift vom Lieferanten für Mängelrüge bei Rohstoffen (Nettobuchung).

   - ◯ a) Verbindlichkeiten aus Lieferungen und Leistungen an Nachlässe für Rohstoffe und an Umsatzsteuer
   - ◯ b) Verbindlichkeiten aus Lieferungen und Leistungen an Rohstoffe und an Vorsteuer
   - ◯ c) Verbindlichkeiten aus Lieferungen und Leistungen an Rohstoffe und an Umsatzsteuer
   - ◯ d) Verbindlichkeiten aus Lieferungen und Leistungen an Nachlässe für Rohstoffe und an Vorsteuer

9. Wir überweisen die Rechnung unseres Rohstofflieferanten abzüglich Skonto (Nettobuchung).

   - ◯ a) Verbindlichkeiten an Nachlässe für Rohstoffe und an Vorsteuer und an Bank
   - ◯ b) Verbindlichkeiten an Nachlässe für Rohstoffe und an Umsatzsteuer und an Bank
   - ◯ c) Verbindlichkeiten an Rohstoffe und an Vorsteuer und an Bank
   - ◯ d) Verbindlichkeiten an Rohstoffe und an Umsatzsteuer und an Bank

10. Kunde sendet falsch gelieferte Fertigerzeugnisse an uns zurück.

   - ◯ a) Fertige Erzeugnisse und Umsatzsteuer an Forderungen aus Lieferungen und Leistungen
   - ◯ b) Umsatzerlöse und Vorsteuer an Forderungen aus Lieferungen und Leistungen
   - ◯ c) Umsatzerlöse und Umsatzsteuer an Forderungen aus Lieferungen und Leistung
   - ◯ d) Fertige Erzeugnisse und Vorsteuer an Forderungen aus Lieferungen und Leistungen

11. Was versteht man unter dem Begriff „Vorsteuer"?

   - ◯ a) eine Verbindlichkeit gegenüber dem Finanzamt
   - ◯ b) die von uns an den Lieferanten gezahlte Umsatzsteuer
   - ◯ c) der auf den Ausgangsrechnungen genannte Umsatzsteuerbetrag
   - ◯ d) die Umsatzsteuer der Verkaufserlöse

12. Welches ist der Merksatz der einfachen und zusammengesetzten Buchungssätze?

   ◯ a) Summe der Sollbuchung(en) = Summe der Habenbuchung(en)

   ◯ b) Summe der Sollbuchung(en) > Summe der Habenbuchung(en)

   ◯ c) Summe der Sollbuchung(en) < Summe der Habenbuchung(en)

   ◯ d) Summe der Sollbuchung(en) – Summe der Habenbuchung(en)

13. Kauf einer Maschine in Höhe von 1.190 € auf Ziel. 19% Vorsteuer ist enthalten.

   ◯ a) Maschinen und Vorsteuer an Verbindlichkeiten

   ◯ b) Vorsteuer an Verbindlichkeiten und Maschinen

   ◯ c) Kassen an Maschinen und Vorsteuer

14. Entnahme von Fertigerzeugnissen für private Zweck, 19% Umsatzsteuer

   ◯ a) Privatentnahme an Entnahme von Gegenständen und Leistungen

   ◯ b) Privatentnahme an Fertige Erzeugnisse und an Umsatzsteuer

   ◯ c) Privatentnahme an Fertige Erzeugnisse

   ◯ d) Privatentnahme an Entnahme von Gegenständen und Leistungen und an Umsatzsteuer

15. Unser Handelsvertreter stellt uns Verkaufsprovisionen in Rechnung, 19% Umsatzsteuer

   ◯ a) Vertriebsprovisionen und Vorsteuer an Verbindlichkeiten aus Lieferungen und Leistungen

   ◯ b) Vertriebsprovisionen und Umsatzsteuer an Verbindlichkeiten aus Lieferungen und Leistungen

   ◯ c) Forderungen aus Lieferungen und Leistungen und Vorsteuer an Vertriebsprovisionen

   ◯ d) Forderungen aus Lieferungen und Leistungen und Umsatzsteuer an Vertriebsprovisionen

12.12 Lösungen: Zusammengesetzte Buchungssätze

Aufgabe	Lösung	Aufgabe	Lösung	Aufgabe	Lösung
1.	b)	2.	a)	3.	d)
4.	c)	5.	a)	6.	b)
7.	d)	8.	d)	9.	a)
10.	c)	11.	b)	12.	a)
13.	a)	14.	d)	15.	c)

Lösungen der Auswahl-Fragen.

12.13 Test: Umsatzsteuer

1. Fritz Meier stellt für ein Politmagazin einen Artikel. Für seine Leistung berechnet er 3.500 EUR. Wie hoch ist die darin enthaltene Umsatzsteuer (7%)?

   Die Umsatzsteuer beträgt ____________ EUR.

2. Die Firma Bastelbedarf GmbH liefert Material an eine Schule und stellt diese in Rechnung. Der Brutto-Betrag beläuft sich auf 2.975,- EUR. Wie hoch ist die darin enthaltene Umsatzsteuer?

   Die darin enthaltene Umsatzsteuer beläuft sich auf ____________ EUR.

3. Was wird mit der Umsatzsteuer immer besteuert?

   ☐ a) Austausch von Gütern

   ☐ b) Erbringung von Dienstleistungen

   ☐ c) Umsätze von Schulen

   ☐ d) Umsätze einer Hebamme

4. Worauf zahlt ein Unternehmen die Umsatzsteuer?

    ☐ a) Für eingekaufte Güter

    ☐ b) Für verkaufte Güter

    ☐ c) Für ausbezahlte Löhne und Gehälter

    ☐ d) Keine der Antworten ist korrekt.

5. Worauf wird der Umsatzsteuersatz erhoben?

    ☐ a) Netto-Rechnungsbetrag / Entgelt

    ☐ b) Brutto-Rechnungsbetrag

    ☐ c) Skonto-Betrag

    ☐ d) Keine der Antworten ist korrekt.

6. Welche der folgenden Tätigkeiten unterliegen nicht der Umsatzsteuer?

    ☐ a) Umsätze aus der Tätigkeit eines Versicherungsvertreters

    ☐ b) Umsätze aus der Tätigkeit als Zahnarzt

    ☐ c) Umsätze aus der Tätigkeit als Rechtsanwalt

    ☐ d) Umsätze bestimmter allgemeinbindender Einrichtungen

7. Welche Aussage in Bezug auf die Umsatzsteuer ist korrekt?

    ☐ a) Umsätze aus der Veräußerung von Grundstücken unterliegen nicht der Umsatzsteuer.

    ☐ b) Warenbezüge aus nicht EU-Staaten unterliegen nicht der Umsatzsteuer.

    ☐ c) Warenbezüge aus EU-Staaten unterliegen nicht der Umsatzsteuer.

    ☐ d) Umsätze aus der Vermietung von Grundstücken und Gebäuden unterliegen der Umsatzsteuer.

8. Für welche der folgenden Punkte gilt ein ermäßigter Umsatzsteuersatz?

   ☐ a) Personennahverkehr

   ☐ b) Theaterkarten

   ☐ c) Tätigkeit eines Heilpraktikers

   ☐ d) Tätigkeit eines Arztes

9. Ab welchem Jahresumsatz sind Unternehmen umsatzsteuerpflichtig?

   ☐ a) 28.000 EUR

   ☐ b) 22.000 EUR

   ☐ c) 35.000 EUR

   ☐ d) 40.000 EUR

10. Wie hoch ist der ermäßigte Umsatzsteuersatz?

   ☐ a) 9%

   ☐ b) 12%

   ☐ c) 7%

   ☐ d) 4%

12.14 Lösungen: Umsatzsteuer

Aufgabe	Lösung	Aufgabe	Lösung	Aufgabe	Lösung
3.	a), b)	4.	a), b)	5.	a)
6.	a), b), d)	7.	a)	8.	a), b)
9.	b)	10.	c)		

Lösungen der Auswahl-Fragen.

Aufgabe	Lösung
1.	Die Umsatzsteuer beträgt [245 / 245,00 / 245,-] EUR.
2.	Die darin enthaltene Umsatzsteuer beläuft sich auf [475,00 / 475 / 475,-] EUR.

Lösungen der Text-Aufgaben.

12.15 Test: Abschreibungen

1. Abschreibungen sind ...

   ☐ a) Kosten, die nur im laufenden Betrieb anfallen.

   ☐ b) beispielsweise Druckkosten für neue Prospekte.

   ☐ c) laufende Kosten, die ausschließlich im Fuhrpark eines Unternehmens entstehen.

   ☐ d) Aufwendungen durch Anschaffungs- oder Herstellungskosten, die zur Gewinnminderung beitragen.

2. Wie lautet der Buchungssatz für Abschreibungen auf Maschinen?

   ☐ a) Bank an Maschinen

   ☐ b) Maschinen an Abschreibungen auf Sachanlagen

   ☐ c) Abschreibungen auf Sachanlagen an Maschinen

   ☐ d) Maschinen an Bank

3. Neben der linearen Abschreibung bestände noch die Möglichkeit, die Anlage nach Leistungseinheiten abzuschreiben. Gib 3 Kriterien an, die
bei einer Abschreibung nach Leistungseinheiten zu berücksichtigen sind!

   - ☐ a) Bei der Abschreibung nach dieser Abschreibungsmethode ist die jährliche Nutzung nachzuweisen.
   - ☐ b) Der Abschreibungsbetrag ist in jedem vollen Nutzungsjahr gleich hoch.
   - ☐ c) Es wird eine gleichmäßige Nutzung und Wertminderung unterstellt.
   - ☐ d) Die jährlichen Abschreibungsbeträge können schwanken.
   - ☐ e) Die Abschreibung nach dieser Abschreibungsmethode kommt der technischen Abnutzung am nächsten.
   - ☐ f) Anschaffungskosten dividiert durch Nutzungsdauer ergibt den jährlichen AfA-Betrag.

4. Gib 3 Kriterien an, die bei einer linearen Abschreibung zu berücksichtigen sind!

   - ☐ a) Bei der Abschreibung nach dieser Abschreibungsmethode ist die jährliche Nutzung nachzuweisen.
   - ☐ b) Der Abschreibungsbetrag ist in jedem vollen Nutzungsjahr gleich hoch.
   - ☐ c) Es wird eine gleichmäßige Nutzung und Wertminderung unterstellt.
   - ☐ d) Die jährlichen Abschreibungsbeträge können schwanken.
   - ☐ e) Die Abschreibung nach dieser Abschreibungsmethode kommt der technischen Abnutzung am nächsten.
   - ☐ f) Anschaffungskosten dividiert durch Nutzungsdauer ergibt den jährlichen AfA-Betrag.

5. Gib 2 Kriterien an, die bei einer geometrisch-degressiven Abschreibung zu berücksichtigen sind!

   ☐ a) Bei der Abschreibung nach dieser Abschreibungsmethode ist die jährliche Nutzung nachzuweisen.

   ☐ b) Der Abschreibungsbetrag ist in jedem vollen Nutzungsjahr gleich hoch.

   ☐ c) Der jährliche Abschreibungsbetrag sinkt um den gleichen Prozentsatz.

   ☐ d) Der jährliche Abschreibungsbetrag sind um den gleichen Betrag.

   ☐ e) Diese Abschreibungsmethode ist bei beweglichen Wirtschaftsgütern anzuwenden.

   ☐ f) Anschaffungskosten dividiert durch Nutzungsdauer ergibt den jährlichen AfA-Betrag.

6. Am Jahresende wird in deinem Unternehmen eine Thermopresse bilanziell abgeschrieben. Was gilt es zu beachten?

   ☐ a) Die Abschreibungen werden der Fremdfinanzierung zugerechnet.

   ☐ b) Du entnimmst die Abschreibungswerte in Euro aus der AfA-Tabelle der Finanzbehörde.

   ☐ c) Du kannst die Abschreibungssätze beliebig festlegen.

   ☐ d) Solltest du dich für eine leistungsbezogene Abschreibung entscheiden, können sich die Abschreibungsbeträge von Jahr zu Jahr ändern.

   ☐ e) Für das 1. Jahr darfst du den vollen Jahres-AfA-Betrag verbuchen.

7. Eine Formanlage soll linear abgeschrieben werden. Prüfe, wie sich die bilanzielle Abschreibung auf das Jahresergebnis auswirkt!

   ☐ a) Das Betriebsergebnis erhöht sich.

   ☐ b) Das Gesamtergebnis erhöht sich.

   ☐ c) Das Gesamtergebnis vermindert sich.

   ☐ d) Das Gesamtergebnis wird nicht beeinflusst, das Betriebsergebnis ändert sich.

   ☐ e) Das Gesamtergebnis und das Betriebsergebnis bleiben gleich.

8. Ein Fahrzeug A ist am 01.08.2022 für 34.950 EUR angeschafft worden und ist am Jahresende mit einer Nutzungsdauer von 6 Jahren linear abzuschreiben. Es sind keine weiteren Kosten angefallen. Ermittele den Abschreibungsbetrag für das laufende Geschäftsjahr zum 31.12.2022!

☐ a) 5.825,00 EUR

☐ b) 2.427,08 EUR

☐ c) 1.941,67 EUR

☐ d) 2.912,50 EUR

9. Eine Fertigungsmaschine B wird am 29.6.2022 angeschafft. Für wie viele Monate höchstens darfst du im Jahresabschluss 2022 die bilanzmäßige Abschreibung für die Fertigungsmaschine ansetzen?

☐ a) 12 Monate

☐ b) 6 Monate

☐ c) 7 Monate

☐ d) 5 Monate

10. Eine Lackieranlage A wird am 14.5.2022 angeschafft. Für wie viele Monate höchstens darfst du im Jahresabschluss 2022 die bilanzmäßige Abschreibung für die Fertigungsmaschine ansetzen?

☐ a) 12 Monate

☐ b) 72 Monate

☐ c) 8 Monate

☐ d) 7 Monate

12.16 Lösungen: Abschreibungen

Aufgabe	Lösung	Aufgabe	Lösung	Aufgabe	Lösung
1.	d)	2.	c)	3.	a), d), e)
4.	b), c), f)	5.	c), e)	6.	d)
7.	c)	8.	b)	9.	c)
10.	c)				

Lösungen der Auswahl-Fragen.

12.17 Test: Bestandskonten in der Buchführung

1. Welche Konten haben grundsätzlich einen Anfangsbestand (Vorjahreswert)?

   ◯ a) Aufwandskonten

   ◯ b) Bestandskonten

   ◯ c) Ertragskonten

   ◯ d) Gewinnkonten

2. Welches Konto ist kein Bestandskonto?

   ◯ a) Maschinen und technische Anlagen

   ◯ b) Forderungen

   ◯ c) Umsatzerlöse

   ◯ d) Steuerrückstellungen

3. Auf welcher Buchungsseite wird bei aktiven Bestandskonten ein Zugang gebucht?

   ◯ a) Soll-Seite

   ◯ b) Haben-Seite

   ◯ c) Soll-Haben-Seite

   ◯ d) In der Mitte

4. Welche Aussage trifft auf Erfolgs- und Bestandskonten zu?

- ◯ a) Erfolgskonten werden nur im Soll, Bestandskonten nur im Haben gebucht.
- ◯ b) Erfolgs- und Bestandskonten haben jeweils einen Anfangsbestand.
- ◯ c) Zugänge werden bei Erfolgs- und Bestandskonten im Soll gebucht.
- ◯ d) Bestandskonten haben in der Regel einen Anfangsbestand, Erfolgskonten nicht.

5. Welche Aussage zu den Bestandskonten ist richtig?

- ◯ a) Es gibt nur aktive Bestandskonten.
- ◯ b) Es gibt aktive und passive Bestandskonten.
- ◯ c) Es gibt nur passive Bestandskonten.
- ◯ d) Es gibt keine Bestandskonten in der Buchführung.

12.18 Lösungen: Bestandskonten in der Buchführung

Aufgabe	Lösung	Aufgabe	Lösung	Aufgabe	Lösung
1.	b)	2.	c)	3.	a)
4.	d)	5.	b)		

Lösungen der Auswahl-Fragen.

13 Verwaltungsleistungen wirtschaftlich erstellen und kundenorientiert anbieten

13.1 Verwaltungsorganisation: Ziele und Strukturen

Jede öffentlichen Verwaltung (Landratsamt, Stadtverwaltung, Gericht, etc.) ist eine Organisation. Hinter jeder Organisation verbirgt sich eine Organisationsstruktur, welche durch das Organigramm (Organisationsgliederungsplan) dargestellt wird. Aus dem Organigramm geht hervor, welche Abteilungen und Sachgebiete es gibt und wie diese in Verbindung zueinander stehen. Zudem werden die Hierarchien ersichtlich.

Ein Organisationsgliederungsplan unterscheidet sich in zwei Gestaltungsbereichen: der Aufbau- sowie der Ablauforganisation

Eine **Aufbauorganisation** legt die **Rahmenbedingungen** fest, d. h. welche Aufgabe(n) von welchen Personen übernommen werden und mit welchen Befugnissen diese Personen ausgestattet sind. Anhand eines Organigramms wird deutlich, wie dies in der Verwaltung aussehen kann:

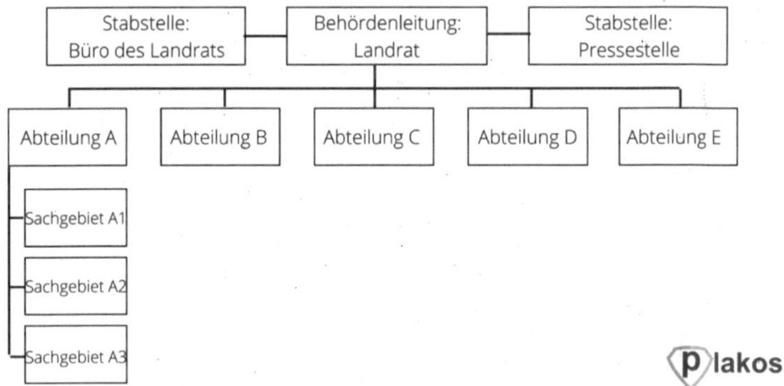

Bei dem hier vorliegenden Organigramm handelt es sich um ein Ein-Linien-System, aus dem klare Unterstellungsverhältnisse hervorgehen. Das Ein-Linien-System ermöglicht eine klare Zuordnung von Aufgaben, Verantwortung sowie Kompetenzen. Informationen fließen "top-down" oder "bottom-up" über alle Hierarchieebenen, woraus sich gute Kontrollmöglichkeiten ergeben.

Eine **Ablauforganisation** beschreibt alle **Arbeitsabläufe** (Prozesse) innerhalb einer Organisation, also wann, wo und womit die einzelnen Arbeitsschritte erledigt werden müssen:

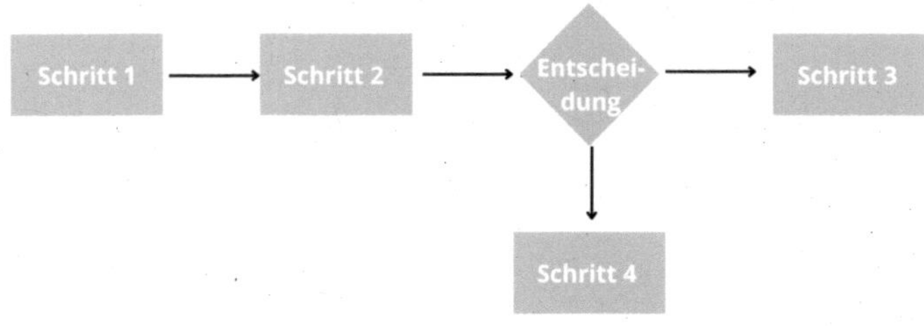

Die Ziele einer Organisation unterscheiden sich in Sachziele (Was muss ich tun?) und Formalziele (Wie muss ich eine Aufgabe erfüllen?). Sachziele einer Behörde sind die Aufgaben, welche ihr per Gesetz zugeordnet werden:

- Ausstellung eines Reisepasses
- Stadtplanung
- Bauaufsicht
- Gewerbeaufsicht
- Veterinärwesen
- Wasser- und umweltrechtliche Aufgaben
- ...

Sachziele einer Behörde können neben gesetzlich angeordneten Aufgaben auch freiwillige Aufgaben sein, wie die Betreibung eines Hallenbades.

Formalziele legen fest, wie eine Aufgabe zu erfüllen bzw. was bei der Aufgabenerfüllung zu beachten ist. Wenn eine Behörde ihren Aufgaben (Sachziele) nachkommt, muss sie dabei mehreren Aspekten Rechnung tragen:

- Rechtmäßigkeit von Verwaltungsentscheidungen (z. B. Bescheiderlass)
- Bürgerfreundlichkeit
- Mitarbeiterfreundlichkeit
- Wirtschaftlichkeit und Sparsamkeit
- Schnelligkeit und Terminverträglichkeit

Wie aus dem obigen Schema zur Ablauforganisation deutlich wird, benötigt es zur Fertigstellung eines Produktes (in der Verwaltung z. B. die Ausstellung eines Personalausweises) sowohl mehrere Arbeitsschritte, als auch Entscheidungen. Die Planung dieses Ablaufes bezeichnet man als Ablaufplanung. Nun zeigen wir wichtige Merkmale der Ablaufplanung am Beispiel der Ausstellung eines neuen Personalausweises in einer Stadtverwaltung:

- Planungsgegenstand (= Arbeitsabläufe; hier: 1. Erfassung der Personaldaten, 2. Feststellen der Augenfarbe und Körpergröße, 3. Übermittlung der Daten an das Innenministerium, 4. Übergabe des neuen Ausweises an den Bürger)
- Planungssubjekt (= Entscheidungsträger; hier: Sachbearbeiter)
- Planungsdaten (= Arbeitszeit; hier: verwendete Arbeitszeit des Sachbearbeiters auf die Erstellung des Ausweises)

13.2 Leistungserbringung und Produkte in der öffentlichen Verwaltung

Während Verwaltungen in früheren Jahrzehnten ausschließlich darauf achteten, welche Mittel für Verwaltungsleistungen bereitgestellt werden ("Inputorientierung"), findet in der modernen Verwaltung die Umstellung auf das "Neue Steuerungsmodell" (NSM) statt. Dies führt zu einer "output orientierten" Steuerung durch Produkte.

"Ein **Produkt** ist eine Leistung oder eine Gruppe von Leistungen, die von Stellen außerhalb des jeweils betrachteten Fachbereichs (innerhalb oder außerhalb der Verwaltung) benötigt werden" (KGSt-Bericht 8/94, S. 11)

Ein Produkt ist also das Ergebnis ("Output") des Tätigwerdens in Erfüllung kommunaler Aufgaben und zwar unabhängig davon, ob es sich um Dienstleistungen, Waren oder Informationen handelt.

Da das Produkt also das zentrale Element einer bürgerorientierten Verwaltung ist, ist es erforderlich, die einzelnen Produkte mithilfe eines Produktplans zu strukturieren. Ein Produktplan bestimmt sich durch mehrere Aspekte:

- enthält sämtliche Produkte, welche von einer Verwaltungsbehörde angeboten werden
- fasst mehrere Produkte zu Produktgruppen zusammen
- differenziert Produkte voneinander

Wenn eine Behörde künftig output orientiert handeln möchte, ist es zunächst erforderlich, Produkte zu bilden. Die Verwaltungsleistungen, welche erbracht werden, stellen also künftig Produkte dar (Produktbildung). Im Produktkatalog sind sämtliche Produkte der Verwaltung beschrieben.

Beispiel für eine Produktbildung:

Einzelleistungen eines Landratsamtes im Bereich der Kinder- und Jugendhilfe:

- Hilfestellung bei der Beantragung von Leistungen
- Durchführung von Beratungen
- Bereitstellung von Informationsmaterial
- Kinderbetreuung (Betrieb von Kindertagesstätte)
- Mittagsverpflegung für Kinder

Diese Produkte lassen sich zu zwei Produktgruppen zusammenfassen:

- Kinderbetreuung und -verpflegung
- Information, Beratung und Antragsbearbeitung

Neben diesen Produkten / Leistungen, welche eine Behörde für die Bürger erstellt (marktfähige Leistung), treten Leistungen, welche innerhalb der Verwaltung hergestellt und verwertet werden (nicht marktfähige Leistung). So zum Beispiel nimmt das Bauamt bei der Beurteilung der Genehmigungsfähigkeit eines Bauvorhabens die Kompetenz des Amts für Naturschutz in Anspruch, ohne dass dieses dem Bauamt eine Rechnung stellt. Wenn das Amt für Naturschutz also seine Stellungnahme abgibt, handelt es sich dabei um eine nicht marktfähige Leistung.

Unterschieden werden neben marktfähigen und nicht marktfähigen Leistungen auch angebots- und nachfrageorientierte Leistungen:

- Angebotsorientiert: Eine Behörde ermittelt, welche Leistungen positiv bzw. negativ für die Bürger sind (Beispiel positive Leistung: Subvention; Beispiel negative Leistung: Bußgeldbescheid)
- Nachfrageorientiert: Eine Behörde ermittelt, was sich Bürger wünschen bzw. nicht wünschen

Neben der Bereitstellung von Produkten ist es Aufgabe der Verwaltung, die Qualität ihrer Produkte laufend zu überprüfen. Dabei stehen mehrere Instrumente der Qualitätssicherung zur Verfügung:

- Beschwerdelisten
- Brainstorming
- Histogramm (grafische Darstellung einer Häufigkeitsverteilung)
- Korrelationsdiagramm (grafische Darstellung der Beziehung zwischen zwei Merkmalen)

Um die Bürger auf ihre öffentlichen Leistungen aufmerksam zu machen, kann eine Behörde Marketing betreiben. Ein Marketing-Konzept umfasst dabei:

- Budget (Wieviel Geld fließt in das Marketing?)
- Ziel (Was soll mit dem Marketing erreicht werden?)
- Maßnahmen (Wie bzw. wo wird geworben?)
- Strategie (Wie sollen die vereinbarten Ziele erreicht werden? Welche Kundengruppen sollen wie angesprochen werden?)

13.3 Verwaltungsorganisation und öffentliche Güter

Während Verwaltungen in früheren Jahrzehnten ausschließlich darauf achteten, welche Mittel für Verwaltungsleistungen bereitgestellt werden ("Inputorientierung"), findet in der modernen Verwaltung die Umstellung auf das "Neue Steuerungsmodell" (NSM) statt. Dies führt zu einer "output orientierten" Steuerung durch Produkte.

"Ein **Produkt** ist eine Leistung oder eine Gruppe von Leistungen, die von Stellen außerhalb des jeweils betrachteten Fachbereichs (innerhalb oder außerhalb der Verwaltung) benötigt werden" (KGSt-Bericht 8/94, S. 11)

Ein Produkt ist also das Ergebnis ("Output") des Tätigwerdens in Erfüllung kommunaler Aufgaben und zwar unabhängig davon, ob es sich um Dienstleistungen, Waren oder Informationen handelt.

Da das Produkt also das zentrale Element einer bürgerorientierten Verwaltung ist, ist es erforderlich, die einzelnen Produkte mithilfe eines Produktplans zu strukturieren. Ein Produktplan bestimmt sich durch mehrere Aspekte:

- enthält sämtliche Produkte, welche von einer Verwaltungsbehörde angeboten werden
- fasst mehrere Produkte zu Produktgruppen zusammen
- differenziert Produkte voneinander

Wenn eine Behörde künftig output orientiert handeln möchte, ist es zunächst erforderlich, Produkte zu bilden. Die Verwaltungsleistungen, welche erbracht werden, stellen also künftig Produkte dar (Produktbildung). Im Produktkatalog sind sämtliche Produkte der Verwaltung beschrieben.

Beispiel für eine Produktbildung:

Einzelleistungen eines Landratsamtes im Bereich der Kinder- und Jugendhilfe:

- Hilfestellung bei der Beantragung von Leistungen
- Durchführung von Beratungen
- Bereitstellung von Informationsmaterial
- Kinderbetreuung (Betrieb von Kindertagesstätte)
- Mittagsverpflegung für Kinder

Diese Produkte lassen sich zu zwei Produktgruppen zusammenfassen:

- Kinderbetreuung und -verpflegung
- Information, Beratung und Antragsbearbeitung

Neben diesen Produkten / Leistungen, welche eine Behörde für die Bürger erstellt (marktfähige Leistung), treten Leistungen, welche innerhalb der Verwaltung hergestellt und verwertet werden (nicht marktfähige Leistung). So zum Beispiel nimmt das Bauamt bei der Beurteilung der Genehmigungsfähigkeit eines Bauvorhabens die Kompetenz des Amts für Naturschutz in Anspruch, ohne dass dieses dem Bauamt eine Rechnung stellt. Wenn das Amt für Naturschutz also seine Stellungnahme abgibt, handelt es sich dabei um eine nicht marktfähige Leistung.

Unterschieden werden neben marktfähigen und nicht marktfähigen Leistungen auch angebots- und nachfrageorientierte Leistungen:

- Angebotsorientiert: Eine Behörde ermittelt, welche Leistungen positiv bzw. negativ für die Bürger sind (Beispiel positive Leistung: Subvention; Beispiel negative Leistung: Bußgeldbescheid)
- Nachfrageorientiert: Eine Behörde ermittelt, was sich Bürger wünschen bzw. nicht wünschen

Neben der Bereitstellung von Produkten ist es Aufgabe der Verwaltung, die Qualität ihrer Produkte laufend zu überprüfen. Dabei stehen mehrere Instrumente der Qualitätssicherung zur Verfügung:

- Beschwerdelisten
- Brainstorming
- Histogramm (grafische Darstellung einer Häufigkeitsverteilung)
- Korrelationsdiagramm (grafische Darstellung der Beziehung zwischen zwei Merkmalen)

Um die Bürger auf ihre öffentlichen Leistungen aufmerksam zu machen, kann eine Behörde Marketing betreiben. Ein Marketing-Konzept umfasst dabei:

- Budget (Wieviel Geld fließt in das Marketing?)

- Ziel (Was soll mit dem Marketing erreicht werden?)
- Maßnahmen (Wie bzw. wo wird geworben?)
- Strategie (Wie sollen die vereinbarten Ziele erreicht werden? Welche Kundengruppen sollen wie angesprochen werden?)

13.4 Test: Verwaltungsorganisation und öffentliche Güter

1. Wie können öffentliche Güter bereitgestellt werden?

   ☐ a) Durch sich im Staatsbesitz befindliche Unternehmen

   ☐ b) Durch Behörden

   ☐ c) Durch Beauftragung privater Unternehmen

   ☐ d) Keine der Antworten ist korrekt.

2. Welche Aussage betreffend den öffentlichen Gütern ist wahr?

   ☐ a) Einzelne Personen können von der Nutzung nicht ausgeschlossen werden.

   ☐ b) Einzelne Personen können von der Nutzung ausgeschlossen werden.

   ☐ c) Öffentliche Güter stehen in unbeschränktem Umfang zur Verfügung.

   ☐ d) Öffentliche Güter stehen in beschränktem Umfang zur Verfügung.

3. Welche der folgenden Punkte stellen öffentliche Güter dar?

   ☐ a) Straßenbeleuchtung

   ☐ b) Dienstlicher PKW einer Behörde

   ☐ c) Deich

   ☐ d) Keine der hier genannten Punkte

4. Was ist ein politischer Willensbildungsprozess?

   ☐ a) Meinungen und Wünsche der Bürger werden durch Parteien oder Verbände vertreten und von politischen Einrichtungen (z. B. Landtag) aufgenommen und entschieden.

   ☐ b) Die öffentliche Verwaltung setzt Meinungen und Wünsche der Bürger ohne Einbindung politischer Vertreter durch.

   ☐ c) Politische Verantwortungsträger setzen Maßnahmen unter Einbindung der Verwaltung durch.

   ☐ d) Keine der Antworten ist korrekt.

5. Welche Aussage ist korrekt?

   ☐ a) Die Folgen politischer Entscheidungen wirken sich nicht auf die Arbeitsweise und die Aufgaben von Verwaltungsbehörden aus.

   ☐ b) Die Folgen politischer Entscheidungen wirken sich auf die Arbeitsweise und die Aufgaben von Verwaltungsbehörden aus.

   ☐ c) Politische Entscheidungen sind vor Erlass einer Verordnung mit der betreffenden Verwaltungsbehörde zu besprechen.

   ☐ d) Keine der Antworten ist korrekt.

6. Was kann man aus einem Organigramm ableiten?

   ☐ a) Abteilungen und Sachgebiete einer Verwaltungsbehörde

   ☐ b) Verbindungen zwischen Abteilungen und Sachgebieten einer Verwaltungsbehörde

   ☐ c) Hierarchien

   ☐ d) Finanzielle Mittel, welchen den einzelnen Bereichen zur Verfügung stehen.

7. Was wird durch die Aufbauorganisation dargestellt?

   ☐ a) Hierarchieebenen

   ☐ b) Zusammenhänge zwischen Abteilungen und Sachgebieten

   ☐ c) Beschreibung der Arbeitsprozesse

   ☐ d) Aufführung einzelner Arbeitsschritte

8. Was wird in einer Ablauforganisation dargestellt?

   ☐ a) Beschreibung aller Arbeitsschritte

   ☐ b) Darstellung von Entscheidungspunkten

   ☐ c) Erläuterung der Formalziele einer Organisation

   ☐ d) Beschreibung der Funktion einzelner Mitarbeiter

9. Was sind Sachziele einer Verwaltungsbehörde?

   ☐ a) Aufgaben, welche der Behörde per Gesetz zugeordnet sind

   ☐ b) Freiwillige Aufgaben

   ☐ c) Sowohl gesetzlich verordnete Aufgaben, als auch freiwillige Aufgaben

   ☐ d) Keine der Antworten ist korrekt.

10. Was wird durch ein Formalziel festgelegt?

   ☐ a) Welche freiwilligen Aufgaben die Behörde künftig erfüllen möchte.

   ☐ b) Welche Pflichtaufgaben die Behörde erfüllt.

   ☐ c) Wie eine Aufgabe erfüllt werden soll.

   ☐ d) Ob eine Aufgabe erfüllt werden soll.

11. Welche der folgenden Aspekte beschreiben Formalziele?

   ☐ a) Veterinärwesen

   ☐ b) Mitarbeiterfreundlichkeit

   ☐ c) Wirtschaftlichkeit

   ☐ d) Gewerbeaufsicht

12. Welche der folgenden Aspekte beschreiben Sachziele?

☐ a) Terminverträglichkeit

☐ b) Umweltrechtliche Aufgaben

☐ c) Rechtmäßigkeit

☐ d) Stadtplanung

13. Welche der folgenden Punkte sind Merkmale einer Ablaufplanung?

☐ a) Organigramm

☐ b) Planungssubjekt

☐ c) Planungsdaten

☐ d) Planungsgegenstand

14. Was wird bei einer Ablaufplanung unter Planungsdaten erfasst?

☐ a) Entscheidungsträger

☐ b) Arbeitszeit

☐ c) Arbeitsabläufe

☐ d) Keine der Antworten ist korrekt.

15. Was wird bei einer Ablaufplanung unter dem Planungsgegenstand erfasst?

☐ a) Arbeitsabläufe

☐ b) Arbeitszeit

☐ c) Entscheidungsträger

☐ d) Keine der Antworten ist korrekt.

13.5 Lösungen: Verwaltungsorganisation und öffentliche Güter

Aufgabe	Lösung	Aufgabe	Lösung	Aufgabe	Lösung
1.	a), b), c)	2.	a), d)	3.	a), c)
4.	a)	5.	b)	6.	a), b), c)
7.	a), b)	8.	a), b)	9.	c)
10.	c)	11.	b), c)	12.	b), d)
13.	b), c), d)	14.	b)	15.	a)

Lösungen der Auswahl-Fragen.

13.6 Test: Leistungserbringung und Produkte in der öffentlichen Verwaltung

1. Was wird bei einer Ablaufplanung unter dem Planungsgegenstand erfasst?

   ☐ a) Beschwerdelisten

   ☐ b) Marketingmaßnahmen

   ☐ c) Histogramm

   ☐ d) Korrelationsdiagramm

2. Welches Modell führt zur “Output Orientierung” in der Verwaltung?

   ☐ a) Neues Leistungsmodell (NLM)

   ☐ b) Neues Aufgabenmodell (NAM)

   ☐ c) Neues Orientierungsmodell (NOM)

   ☐ d) Neues Steuerungsmodell (NSM)

3. Wofür steht "Output Orientierung" in der öffentlichen Verwaltung?

   - ☐ a) Verstärkte Betrachtung der finanziellen Mittel, welche für Verwaltungsleistungen bereitgestellt werden
   - ☐ b) Steuerung der Verwaltung durch Produktorientierung
   - ☐ c) Steuerung der Verwaltung durch Beeinflussung der Personalausgaben
   - ☐ d) Keine der Antworten ist korrekt.

4. Welche Aussage in Bezug auf das Produkt ist zutreffend?

   - ☐ a) Ein Produkt ist eine Gruppe von Leistungen.
   - ☐ b) Ein Produkt wird innerhalb des jeweils betrachteten Fachbereichs benötigt.
   - ☐ c) Ein Produkt wir außerhalb des jeweils betrachteten Fachbereichs benötigt.
   - ☐ d) Keine der Antworten ist korrekt.

5. Welche Formen kann ein Produkt einer Verwaltung annehmen?

   - ☐ a) Dienstleistungen
   - ☐ b) Waren
   - ☐ c) Informationen
   - ☐ d) Keine der Antworten ist korrekt.

6. Durch welches Instrument bzw. welche Instrumente lassen sich Produkte strukturieren?

   - ☐ a) Produktplan
   - ☐ b) Produktkatalog
   - ☐ c) Produktmarketing
   - ☐ d) Keine der Antworten ist korrekt.

7. Welche Merkmale kennzeichnen einen Produktplan?

☐ a) Differenzierung von Produkten

☐ b) Zusammenführung von mehreren Produkten zu Produktgruppen

☐ c) Aufführung sämtlicher Produkte einer Verwaltung

☐ d) Keine der Antworten ist korrekt.

8. Worin sind sämtliche Produkte einer Verwaltung beschrieben?

☐ a) Produktkatalog

☐ b) Ablaufplanung

☐ c) Organigramm

☐ d) Keine der Antworten ist korrekt.

9. Welche der folgenden Beispiele stellen marktfähige Leistungen dar?

☐ a) Kinderbetreuung

☐ b) Beratungen für Bürger

☐ c) Interne Stellungnahme eines Sachgebiets

☐ d) Beschlussvorlage für den Bauausschuss

10. Welche der folgenden Beispiele stellen nicht marktfähige Leistungen dar?

☐ a) Behördeninterne Stellungnahme eines Sachgebiets

☐ b) Beratungsstelle für Bauherren

☐ c) Informationshotline für Bürger

☐ d) Kinderverpflegung in einer Betreuungseinrichtung

13.7 Lösungen: Leistungserbringung und Produkte in der öffentlichen Verwaltung

Aufgabe	Lösung	Aufgabe	Lösung	Aufgabe	Lösung
1.	a), c), d)	2.	d)	3.	b)
4.	a), b), c)	5.	a), b), c)	6.	a), b)
7.	a), b), c)	8.	a)	9.	a), b)
10.	a)				

Lösungen der Auswahl-Fragen.

14 Verwaltungsverfahrensrecht und Kommunikation

14.1 Der Verwaltungsakt

Ein Verwaltungsakt (VA) ist eine typische Form des Verwaltungshandelns. Mittels eines VA tritt eine Behörde gegenüber einem Bürger auf und erlässt mit ihm eine Anordnung zur Regelung eines Einzelfalles auf dem Gebiet des öffentlichen Rechts. Bescheide, welchen von Behörden erlassen werden, enthalten nicht selten mehrere Verwaltungsakte. Dem adressierten Bürger wird eine Handlung oder ein Unterlassen auferlegt (1. VA). Zugleich kann die Behörde ein Zwangsgeld androhen, falls gegen die Anordnung verstoßen wird (2. VA).

Ein VA erfüllt mehrere Funktionen:

- Materiell-rechtliche Funktion: Ein VA macht eine Rechtsnorm konkret und wendet das Gesetz auf einen Einzelfall an.
- Rechtsschutzfunktion: Erst durch den Erlass eines VA kann sich der betroffene Bürger gerichtlich gegen das Verwaltungshandeln wehren (durch Klage zum zuständigen Verwaltungsgericht).
- Vollstreckungsrechtliche Funktion: da der VA ein Vollstreckungstitel ist, kann er nach Bestandskraft (Ablaufen der einmonatigen Klagefrist) vollstreckt werden.

Definiert ist der VA in **§ 35 des Verwaltungsverfahrensgesetzes (VwVfG)**:

"Verwaltungsakt ist jede Verfügung, Entscheidung oder andere hoheitliche **Maßnahme**, die eine **Behörde** zur **Regelung** eines **Einzelfalls** auf dem Gebiet des **öffentlichen Rechts** trifft und die auf **unmittelbare Rechtswirkung nach außen** gerichtet ist. Allgemeinverfügung ist ein Verwaltungsakt, der sich an einen nach allgemeinen Merkmalen bestimmten oder bestimmbaren Personenkreis richtet oder die öffentlich-rechtliche Eigenschaft einer Sache oder ihre Benutzung durch die Allgemeinheit betrifft."

Sehen wir uns die Aspekte des VA genauer an:

- Maßnahme: Die Behörde verfolgt mit ihrem Handeln einen konkreten Zweck (z. B. Schutz von Rechtsgütern).

- Behörde: Bei der Stelle, welche den VA erlässt, handelt es sich um eine Behörde gemäß § 1 Absatz 2 VwVfG.
- Gebiet des öffentlichen Rechts: Verwaltungsrecht
- Regelung: unmittelbare Herbeiführung einer endgültigen Rechtsfolge (z. B. Verbot)
- Einzelfall: konkret-individuelles Handeln
- Unmittelbare Rechtswirkung nach außen: Rechtsfolgen für eine außerhalb der öffentlichen Verwaltung stehenden natürlichen oder juristischen Person

14.2 Grundsätze und Arten des Verwaltungshandelns

Bei den Grundsätzen des Verwaltungshandelns handelt es sich um gesetzlich festgelegte Prinzipien, welche die öffentliche Verwaltung bei ihrem Handeln beachten muss. Aus den gesetzlichen Vorgaben ergibt sich, in welcher Form und unter welchen Voraussetzung die Verwaltung tätig werden kann. Sowohl das Grundgesetz (GG) als auch das Verwaltungsverfahrensgesetz (VwVfG) beinhalten entsprechende Vorgaben:

Grundsatz der Gesetzmäßigkeit der Verwaltung (Art. 20 Abs. 3 GG)

Eine Verwaltungsbehörde ist bei Erlass von Maßnahmen an Recht und Gesetz gebunden. Falls eine Behörde bei ihrem Handeln gegen eine Norm verstößt, ist das Verwaltungshandeln rechtswidrig. Dies kann durch eine Klage vor dem Verwaltungsgericht festgestellt werden. Bei dem Grundsatz der Gesetzmäßigkeit der Verwaltung wird zwischen dem Vorrang und dem Vorbehalt des Gesetzes unterschieden:

- Vorrang des Gesetzes: Kein Verwaltungshandeln darf im Widerspruch zu Recht und Gesetz stehen; das Gesetz bestimmt, welche Maßnahmen die Behörde ergreifen darf.
- Vorbehalt des Gesetzes: Maßnahmen der Eingriffsverwaltung dürfen nur durch Gesetz oder aufgrund einer gesetzlichen Ermächtigung getroffen werden; die Verwaltung darf also nur handeln, wenn das Gesetz entsprechende Maßnahmen bereithält.

Gleichbehandlungsgrundsatz

Da die Verwaltung an Recht und Gesetz gebunden ist, ist sie bei ihren Entscheidungen auch an die Grundrechte des Grundgesetzes (GG) gebunden. Die Verwaltung muss somit auch den Grundsatz der Gleichbehandlung (Artikel 3 Absatz 1 GG) bei ihren Handlungen beachten. Dieser Grundsatz besagt, dass Gleiches gleich und Ungleiches ungleich zu behandeln ist. Diskriminierung ist somit nicht rechtmäßig – zugleich ist in unterschiedlich gelagerten Fällen differenziert zu entscheiden.

Grundsatz des Verhältnismäßigkeit

Das Gesetz gibt der Verwaltung oftmals verschiedene Möglichkeiten bzw. Maßnahmen an die

Hand, um in einem konkreten Einzelfall tätig zu werden. Dabei handelt es sich um verschiedene Maßnahmen, die den Adressaten (Bürger) mehr oder weniger stark belasten. Der Verhältnismäßigkeitsgrundsatz besagt, dass die Behörde in einem konkreten Fall angemessen tätig werden soll; das von der Verwaltung eingesetzte Mittel (Anordnung eines Maulkorbzwangs für einen Hund) steht in Relation zu dem damit angestrebten Zweck (Schutz der Rechtsgüter Leben und Gesundheit von Menschen).

Grundsatz der pflichtgemäßen Ermessensausübung

Bei zwingenden Rechtsvorschriften (sog. "Muss-Vorschriften" oder "Ist-Vorschriften") ist die Bindung der Verwaltung an den Grundsatz der Gesetzmäßigkeit (Art. 20 Abs. 3 GG) sehr streng. Dabei muss die Verwaltung die von dem Gesetzgeber gewollte Rechtsfolge herbeiführen (=Legalitätsprinzip). Bei "Soll-Vorschriften" kann in Ausnahmefällen davon abgesehen werden. Bei "Kann-Vorschriften" ist der Behörde ein Ermessen eingeräumt (=Opportunitätsprinzip). Die Behörde entscheidet also im Einzelfall darüber, ob sie einschreitet und wenn ja, mit welchen Mitteln. Ermessensvorschriften räumen der Verwaltung somit Handlungsspielraum ein.

Arten des Verwaltungshandelns

Die von Behörden ausgeführten Tätigkeiten (also die Wahrnehmung ihrer Aufgaben) werden als Verwaltungshandeln bezeichnet.

Das Handeln der öffentlichen Verwaltung lässt sich in folgende Arten unterscheiden in:

- *Eingriffsverwaltung*: Hierzu der Führerscheinentzug, die Schulpflicht, ein Tierhalteverbot oder die Ausweispflicht. Bei all diesen Handlungen wird dem Bürger ein Handeln vorgeschrieben bzw. eine Strafe angedroht, falls dieser die Vorgaben der Verwaltung mißachtet. Die Verwaltung greift hierbei in das Leben von Menschen ein.
- *Leistungsverwaltung*: Sozialtransfer, öffentliche Bäder, Kultur, Wasser- und Stromversorgung sowie Abfallentsorgung sind Leistungen der Verwaltung für die Bürger.
- *Gewährleistungsverwaltung*: Eine Behörde übernimmt ihre Aufgaben nicht selbst, sondern überträgt diese an private Unternehmen.
- *Regulierungsverwaltung*: eigenständige Sicherstellung bestimmter Leistungsziele der Verwaltung, zum Beispiel durch die staatliche Rechtsaufsicht (Rechtsaufsicht beim Landratsamt überprüft die Gemeinden im Landkreis)

Erteilt eine Behörde Warnungen oder Auskünfte, so spricht man von **faktischem Handeln**. Aufgrund faktischer Handlungen ergeben sich (noch) keine konkret-zwingende Rechtsfolgen für Bürger. Eine Beratung oder Auskunft in einer Behörde erfolgt ohne zwingende Rechtsfolge. Ein **regelndes Handeln** liegt vor, wenn interne Weisungen an Mitarbeiter ergehen, Verwaltungsvorschriften erlassen werden (intern), eine Anordnung zur Regelung eines Einzelfalls ergeht (Bescheid) oder Rechtsnormen erlassen werden (Satzung). Bei einem regelnden Handeln schreibt die Verwaltung damit vor, wie sich zu verhalten ist – ansonsten droht zum Beispiel ein Bußgeld.

14.3 Auslegung unbestimmter Rechtsbegriffe und Ermessen

Unter einem **unbestimmten Rechtsbegriff** versteht man einen Begriff in einer Norm, der nicht genau definiert ist. Ein unbestimmter Rechtsbegriff lässt daher einen Interpretationsspielraum offen. Im jeweiligen Einzelfall bedarf es der Auslegung dieses Begriffs.

Erst durch das Verwenden unbestimmter Rechtsbegriffe können Normen auf eine Vielzahl von Fällen angewandt werden. Der Gesetzgeber kann nicht jeden möglichen Fall vorhersehen, daher müssen Normen so formuliert werden, dass diese in verschiedenen Situationen Anwendung finden können. Unbestimmte Rechtsbegriffe finden sich in zahlreichen Gesetzen, sowohl auf der Tatbestands- als auch der Rechtsfolgeseite. Beispiele für unbestimmte Rechtsbegriffe sind

- "Gefahr" im Sicherheitsrecht
- "Schädliche Umwelteinwirkungen" im Immissionsschutzgesetz
- "Wohl der Allgemeinheit" im Baurecht
- "Zuverlässigkeit" im Gewerberecht

Unbestimmte Rechtsbegriffe bedürfen der **Auslegung**: Eine Norm, welche einen unbestimmten Rechtsbegriff enthält, gibt dem Verwaltungshandeln lediglich eine Richtung vor; die Behörde muss im Einzelfall entscheiden, wie sie handeln möchte.

Eine Verwaltungsbehörde entscheidet somit im Einzelfall, wie sie einen unbestimmten Rechtsbegriff auslegen möchte. Eine behördliche Auslegung kann gerichtlich überprüft werden. Die allgemeingültigen Regeln der Auslegung sind dabei folgende:

- Grammatikalische Auslegung (Wortlaut des Gesetzes): Welche Bedeutung hat der Begriff im Sprachgebrauch? Die Norm wird interpretiert und der wörtliche Sinn des Begriffs (z. B. Gefahr) ermittelt.
- Systematische Auslegung (Aufbau und System des zugrundeliegenden Gesetzes wird genauer betrachtet): Genaue Bedeutung des Gesetzestextes wird untersucht; in welchem Zusammenhang steht die Norm mit Blick auf das gesamte Gesetz?
- Historische Auslegung: Wille und Motive des Gesetzgebers werden untersucht und die Entstehung des Gesetzes genauer betrachtet.
- Teleologische Auslegung: Ein Rechtssatz soll eine sachgemäße und gerechte Regelung sein, ein ungerechtes Ergebnis soll vermieden werden und es findet ein Interessenausgleich statt.

Wendet eine Behörde eine Norm für einen konkreten Einzelfall an, so hat sie das ihr zustehende **Ermessen** gemäß § 40 des Verwaltungsverfahrensgesetzes (VwVfG) **pflichtgemäß auszuüben**. In einer Norm geben die Begriffe "kann", "darf", "ist berechtigt" oder "ist befugt" den Hinweis darauf, dass der Gesetzgeber hier der Verwaltung ein Ermessen einräumt. Unterschieden wird im Verwaltungsrecht zwischen dem **Entschließungsermessen** (ob die Behörde einschreitet) und dem **Auswahlermessen** (wie die Behörde einschreitet).

Wenn eine Behörde nach ihrem Ermessen entscheidet, so ist § 40 des VwVfG zu beachten:

Die Behörde hat ihr Ermessen entsprechend dem **Zweck** der Norm (Ermächtigung) auszuüben und sie hat die gesetzlichen **Grenzen** des Ermessens einzuhalten.

Zweck der Norm

Der Zweck, den zahlreiche Gesetze und Normen verfolgen, ist ein Schutz von öffentlichen Interessen bzw. eine Durchsetzung der Ziele des Allgemeinwohls.

Der Zweck kann sich unmittelbar aus dem Gesetzestext ergeben, wenn der Gesetzgeber den Zweck benennt. Alternativ ist der Zweck durch Auslegung zu ermitteln.

Grenzen des Ermessens

Um herauszufinden, wo die Grenzen des Ermessens liegen, muss zunächst der Gesetzeszweck herausgearbeitet werden (siehe linke Spalte).

- Die von der Verwaltung beabsichtigte Maßnahme muss durch das Gesetz als mögliche Rechtsfolge vorgesehen sein.
- Der Grundsatz der Verhältnismäßigkeit ist zu beachten: Die Maßnahme muss (möglich und) **geeignet**, **erforderlich** und **angemessen** sein.
- (Möglich und) **geeignet**: Die Maßnahme muss tauglich sein, um den erstrebten Zweck zu erreichen.
- **Erforderlich**: Gibt es eine mildere Maßnahme, welche den Zweck des Gesetzes in gleicher Weise erfüllt? Eine Behörde darf von mehreren zur Auswahl stehenden Mitteln lediglich das Mittel auswählen, das den Betroffenen und die Allgemeinheit am geringsten belastet.
- Angemessen: Die Maßnahme darf keinen Nachteil herbeiführen, der außer Verhältnis zum beabsichtigten Erfolg steht; dabei ist zu prüfen, inwieweit die Maßnahme in Grundrechte des Betroffenen eingreift.

14.4 Gutachten- und Bescheidstil

Im Gutachtenstil werden die Tatbestandsmerkmale einer Norm logisch nacheinander geprüft. Am Ende des Gutachtenstils steht immer die Beantwortung einer rechtlichen Frage. Bereits die ersten rechtlichen Klausuren in der Ausbildung sind häufig im Gutachtenstil zu bearbeiten. Der Gutachtenstil stellt einen Denkprozess dar. Den Prozess von der abstrakten Norm (allgemeiner Gesetzestext) hin zur Anwendung auf den konkreten Einzelfall (Prüfung der Tatbestandsmerkmale) nennt man **Subsumption**.

Der Gutachtenstil läuft in mehreren Schritten ab:

1. Rechtliche Fragestellung (gemäß der Aufgabenstellung)
2. Prüfung der einzelnen Tatbestandsvoraussetzungen
3. Ergebnis

oder anders ausgedrückt: Obersatz, Definition, Subsumption und Ergebnis

Im Bescheidstil wird das gefundene Ergebnis vorweggenommen und erst im Nachhinein wird eine Begründung hierfür geliefert. Der Bescheidstil erfolgt dabei in zwei Schritten:

1. Ergebnis der Untersuchung/Bearbeitung
2. Begründung für das Ergebnis

Bei einer Bearbeitung im Bescheidstil ist daher zunächst zwingend mittels einer Lösungsskizze der Weg zur Ergebnisfindung zu skizzieren. Das Ergebnis wird erarbeitet und formuliert. Erst wenn das Ergebnis feststeht, kann der Tenor formuliert werden, welcher im Bescheid ganz am Anfang steht. Im Bescheid steht somit das eigentliche Endergebnis der Aufgabenbearbeitung schon am Anfang der Lösung. Erst daraufhin folgt der Lösungsweg.

14.5 Test: Verwaltungshandeln

WAS IST ZU TUN?

1. Ein Erkennungsmerkmal des VA ist die unmittelbare Rechtswirkung nach außen. Was ist damit gemeint?

   ☐ a) Die Entscheidung hat eine Rechtsfolge für eine außerhalb der Verwaltung stehende natürliche Person.

   ☐ b) Die Entscheidung hat eine Rechtsfolge für eine außerhalb der Verwaltung stehende juristische Person.

   ☐ c) Die Entscheidung hat eine Rechtsfolge für eine außerhalb der Verwaltung stehende Behörde

   ☐ d) Keine der Antworten ist korrekt.

2. In welchen Gesetzen finden sich Regelungen zum Verwaltungshandeln?

   ☐ a) Handelsgesetzbuch (HGB)

   ☐ b) Grundgesetz (GG)

   ☐ c) Bürgerliches Gesetzbuch (BGB)

   ☐ d) Verwaltungsverfahrensgesetz (VwVfG)

3. Welche Regeln/Prinzipien ergeben sich aus dem Grundsatz der Gesetzmäßigkeit der Verwaltung?

   ☐ a) Vorrang des Gesetzes

   ☐ b) Aufschiebbarkeit des Gesetzes

   ☐ c) Vorauswahl des Gesetzes

   ☐ d) Vorbehalt des Gesetzes

4. Was besagt der Gleichbehandlungsgrundsatz?

   ☐ a) Gleiches ist gleich zu behandeln.

   ☐ b) Ungleiches ist gleich zu behandeln.

   ☐ c) Ungleiches ist ungleich zu behandeln.

   ☐ d) Keine der Antworten ist korrekt.

5. Was besagt der Grundsatz der Verhältnismäßigkeit?

   ☐ a) Das Ziel des Verwaltungshandelns muss im Verhältnis zum Arbeitsaufwand stehen.

   ☐ b) Das von der Verwaltung eingesetzte Mittel steht im Verhältnis zu den entstehenden Kosten.

   ☐ c) Das von der Verwaltung eingesetzte Mittel steht in Relation zu dem damit angestrebten Zweck.

   ☐ d) Keine der Antworten ist korrekt.

6. Welche Aussage ist zutreffend?

☐ a) Bei zwingenden Rechtsvorschriften ist die Bindung der Verwaltung an den Grundsatz der Gesetzmäßigkeit sehr hoch.

☐ b) Bei sogenannten "Kann-Vorschriften" ist die Bindung der Verwaltung an den Grundsatz der Gesetzmäßigkeit sehr hoch.

☐ c) Bei sogenannten "Kann-Vorschriften" ist die Bindung der Verwaltung entfällt der Grundsatz der Gesetzmäßigkeit .

☐ d) Keine der Antworten ist korrekt.

7. Welche der folgenden Tätigkeitsbereiche von Behörden zählen zur Eingriffsverwaltung?

☐ a) Abfallentsorgung

☐ b) Führerscheinentzug

☐ c) Stromversorgung

☐ d) Schulpflicht

8. Welche der folgenden Tätigkeitsbereiche von Behörden zählen zur Leistungsverwaltung?

☐ a) Sozialtransfer

☐ b) Kulturangebote

☐ c) Ausweispflicht

☐ d) Rechnungsprüfung

9. Was wird unter dem Begriff der Gewährleistungsverwaltung verstanden?

☐ a) Eine Behörde überträgt Aufgaben an eine andere Behörde.

☐ b) Eine Behörde beauftragt ein privates Unternehmen zur Erfüllung ihrer Aufgaben.

☐ c) Eine Behörde überträgt Aufgaben an die Polizei.

☐ d) Keine der Antworten ist korrekt.

10. Was versteht man unter der Regulierungsverwaltung?

☐ a) Behörde überträgt Aufgaben an ein privates Unternehmen.

☐ b) Behörde spricht ein Verbot gegenüber einem Bürger aus.

☐ c) Behörde stellt Leistungsziele der Verwaltung sicher und überprüft ihr untergeordnete Verwaltungen.

☐ d) Keine der Antworten ist korrekt.

11. In welchen Fällen liegt ein regelndes Handeln vor?

☐ a) Beratung für Bürger

☐ b) Auskunftserteilung für Antragsteller

☐ c) Erlass von Verwaltungsvorschriften

☐ d) Rechtsnorm wird erlassen

12. Welche Aussage ist zutreffend?

☐ a) Ein Bescheid kann mehrere Verwaltungsakte enthalten.

☐ b) Ein Bescheid kann nur einen Verwaltungsakt enthalten.

☐ c) Ein Bescheid regelt eine unbestimmte Anzahl von Fällen auf dem Gebiet des öffentlichen Rechts.

☐ d) Ein Bescheid regelt einen Einzelfall auf dem Gebiet des öffentlichen Rechts.

13. Was bedeutet die Rechtsschutzfunktion im Zusammenhang mit dem Verwaltungsakt?

☐ a) Das Gesetz wird auf einen Einzelfall angewendet.

☐ b) Die Behörde schützt sich durch den Erlass eines VA gegen die Ansprüche Dritter.

☐ c) Durch Erlass eines VA kann sich der betroffene Bürger gegen das Verwaltungshandeln gerichtlich wehren.

☐ d) Der VA schafft vollendete Tatsachen, da es sich dabei um einen Vollstreckungstitel handelt.

14. Wann erwächst ein VA in Bestandskraft?

   - ☐ a) Nach Ablauf der einmonatigen Klagefrist – falls innerhalb dieser Zeit keine Klage eingereicht wurde.
   - ☐ b) Nach Ablauf der einmonatigen Klagefrist – unabhängig ob eine Klage eingereicht wurde.
   - ☐ c) Nach Ablauf einer zweimonatigen Klagefrist – falls innerhalb dieser Zeit keine Klage eingereicht wurde.
   - ☐ d) Nach Ablauf einer dreimonatigen Klagefrist – falls innerhalb dieser Zeit keine Klage eingereicht wurde.

15. Welche der folgenden Aspekte stellen Erkennungsmerkmale des VA dar?

   - ☐ a) Mittelbare Rechtswirkung nach außen
   - ☐ b) Maßnahme
   - ☐ c) Unbestimmte Mehrzahl an Fällen
   - ☐ d) Regelung

14.6 Lösungen: Verwaltungshandeln

Aufgabe	Lösung	Aufgabe	Lösung	Aufgabe	Lösung
1.	a), b)	2.	b), d)	3.	a), d)
4.	a), c)	5.	c)	6.	a)
7.	b), d)	8.	a), b)	9.	b)
10.	c)	11.	c), d)	12.	a), d)
13.	c)	14.	a)	15.	b), d)

Lösungen der Auswahl-Fragen.

14.7 Test: Klausurtechnik und Rechtsanwendung

1. Welche Aussage ist zutreffend?

   ☐ a) Ein unbestimmter Rechtsbegriff gibt eine zwingende Rechtsfolge vor.

   ☐ b) Ein unbestimmter Rechtsbegriff bedarf im Einzelfall der Auslegung.

   ☐ c) Ein unbestimmter Rechtsbegriff kommt ausschließlich in einer Ermessensnorm vor.

   ☐ d) Keine der Aussagen ist zutreffend.

2. In welchen Teilen einer Norm können sich unbestimmte Rechtsbegriffe befinden?

   ☐ a) Ausschließlich auf Tatbestandsseite

   ☐ b) Ausschließlich auf Rechtsfolgenseite

   ☐ c) Sowohl auf Tatbestands- als auch auf Rechtsfolgenseite

   ☐ d) Keine der Antworten ist korrekt.

3. Inwiefern kann die behördliche Auslegung eines unbestimmten Rechtsbegriffs gerichtlich überprüft werden?

   ☐ a) Der Gebrauch des Ermessens kann gerichtlich überprüft werden.

   ☐ b) Der Gebrauch des Ermessens kann gerichtlich nicht überprüft werden.

   ☐ c) Der Gebrauch des Ermessens wird ausschließlich durch die Verwaltung selbst überprüft.

   ☐ d) Keine der Aussagen ist zutreffend.

4. Was ist unter einer systematischen Auslegung zu verstehen?

   ☐ a) Der Aufbau des jeweiligen Gesetzes wird genauer betrachtet.

   ☐ b) In welchem Kontext bzw. Zusammenhang die Norm steht.

   ☐ c) Entstehungsgeschichte des Gesetzes wird genauer betrachtet.

   ☐ d) Keine der Antworten ist korrekt.

5. Was ist unter einer grammatikalischen Auslegung zu verstehen?

☐ a) Motive des Gesetzgebers werden untersucht.

☐ b) Heranziehung des Grundsatzes der Gerechtigkeit

☐ c) Interpretation der Norm

☐ d) Herausfinden der Bedeutung des jeweiligen Begriffs im Sprachgebrauch

6. Welche Begriffe können einen Hinweis darauf geben, dass eine Norm Ermessen einräumt?

☐ a) Kann

☐ b) Ist berechtigt

☐ c) Muss

☐ d) Ist ... vorzunehmen

7. Welche Frage stellt sich bei einem Entschließungsermessen?

☐ a) Wie ist einzuschreiten?

☐ b) Ist einzuschreiten?

☐ c) Kann die Behörde einschreiten?

☐ d) Keine der Antworten ist zutreffend.

8. Wie ist eine Klausurlösung im Bescheidstil aufgebaut?

☐ a) 1. Ergebnis, 2. Lösungsweg

☐ b) 1. Lösungsweg, 2. Ergebnis

☐ c) 1. Subsumption, 2. Definition

☐ d) 1. Definition, 2. Subsumption

9. Welche Aspekte sind bei dem Grundsatz der Verhältnismäßigkeit zu beachten?

   ☐ a) Maßnahme muss vertretbar sein.

   ☐ b) Maßnahme muss geeignet sein.

   ☐ c) Maßnahme muss angemessen sein.

   ☐ d) Maßnahme muss erforderlich sein.

14.8 Lösungen: Klausurtechnik und Rechtsanwendung

Aufgabe	Lösung	Aufgabe	Lösung	Aufgabe	Lösung
1.	b)	2.	c)	3.	a)
4.	a), b)	5.	c), d)	6.	a), b)
7.	b)	8.	a)	9.	b), c), d)

Lösungen der Auswahl-Fragen.

15 Spezialgebiete des öffentlichen Rechts

15.1 Gewerberecht

Eine gewerbliche Tätigkeit ist jede nicht schlechthin gemeinschädliche, auf Gewinnerzielung gerichtete und auf Dauer angelegte selbständige Tätigkeit. Kein Gewerbe sind die Urproduktion, freie Berufe und die bloße Verwaltung eigenen Vermögens. Zentrale Regelungspunkte der GewO sind:

- die Anzeigepflicht eines Gewerbes bei der zuständigen Kommune,
- die erlaubnispflichtigen Gewerbe (z. B. Versicherungsvermittler, Bewachungsgewerbe, Immobilienmakler, Finanzanlagenvermittler)
- die überwachungsbedürftigen Gewerbe (z. B. Reisebüros, An- und Verkauf von Kraftfahrzeugen)
- das Reisegewerbe
- die Gewerbeuntersagung

Die Gewerbeordnung (GewO) ist das zentrale Gesetz im Wirtschaftsverwaltungsrecht. Nicht anwendbar ist die GewO für Freiberufler (z. B. Ärzte, Architekten, Rechtsanwälte, sowie freie künstlerische, wissenschaftliche oder schriftstellerische Tätigkeiten). Außerdem findet sie bei Land- und Forstwirten keine Anwendung (Urproduktion).

Wer ein stehendes Gewerbe aufnehmen möchte, muss dies bei seiner Gemeinde anzeigen. Auch der Beginn des Betriebs einer Zweigniederlassung oder einer unselbständigen Zweigstelle und andere wesentliche Änderungen der gewerblichen Tätigkeit wie z. B. die Verlegung des Betriebs müssen angezeigt werden.

Gewerbefreiheit

Das Recht auf freie Berufswahl und -ausübung ist in Art. 12 des Grundgesetzes (GG), sog. Berufsfreiheit, garantiert. Hieraus resultiert der Grundsatz der Gewerbefreiheit, nach dem sich jeder gewerblich niederlassen, Arbeitnehmer beschäftigen und mehrere Niederlassungen unterhalten darf.

Gewerbebegriff

Die oben genannte Definition eines Gewerbes basiert auf vier Tatbestandsmerkmalen: der Selbständigkeit, der Gewinnerzielungsabsicht, der Dauerhaftigkeit sowie der Legalität (nicht schlechthin gemeinschädlich):

Die Selbständigkeit beschreibt eine weisungsfreie Tätigkeit, die in eigener Verantwortung und auf eigene Rechnung ausgeführt wird.

Mit Gewinnerzielungsabsicht handelt eine Person, die planmäßig danach strebt, mehr zu erwirtschaften als betriebliche Kosten entstehen.

Dauerhaftigkeit bedeutet, dass das Gewerbe mit einer Wiederholungs- bzw. Fortsetzungsabsicht betrieben wird.

Nicht schlechthin gemeinschädlich sind unternehmerische Tätigkeiten, die nicht per Gesetz verboten sind (=sozial nicht hinnehmbar).

15.2 Polizeirecht

Polizeirecht wird in Prüfungen gerne mit Fällen aus dem Ordnungswidrigkeitenrecht oder Gewerberecht kombiniert; dabei soll eine polizeiliche Maßnahme gemäß folgendem Schema überprüft werden:

1. Ermächtigungsgrundlage
2. Formelle RM der polizeilichen Maßnahme
3. Materielle RM der polizeilichen Maßnahme

Normen, welche das Eingreifen der Polizei in einer bestimmten Situation erlauben, finden sich in zahlreichen Gesetzen, wie der Gewerbeordnung (GewO) oder dem Bundesimmissionsschutzgesetz (BImSchG). Dementsprechend kann in einer Prüfung grundsätzlich eine große Bandbreite an möglichen Ermächtigungsnormen vorkommen. Allerdings sind zahlreiche polizeirechtliche Ermächtigungsnormen ähnlich aufgebaut. Demnach ist ein Einschreiten der Polizei rechtmäßig, wenn...

- Gefahren für die öffentliche Sicherheit oder öffentliche Ordnung
- von einem Störer verursacht werden
- und der Grundsatz der Verhältnismäßigkeit gewahrt bleibt.

Neben spezialgesetzlichen Ermächtigungsgrundlagen ist jedoch die polizeiliche Generalklausel der §§ 1, 3 des Polizeigesetzes (PolG) im Praxisalltag am häufigsten von Bedeutung. Einige Begriffe sind bei der Subsumption polizeilicher Befugnisnormen von großer Bedeutung. Dieses Zusatzwissen wird in sicherheits- bzw. polizeilichen Klausuren vorausgesetzt:

Unter die Öffentliche Sicherheit fällt der Schutz

- der objektiven Rechtsordnung,
- der subjektiven Rechte und Rechtsgüter des Einzelnen sowie
- der Schutz des Bestandes des Staates und seiner Institutionen

Eine Gefahr ist eine Sachlage, die bei ungehindertem Ablauf des objektiv zu erwartenden Geschehens mit hinreichender Wahrscheinlichkeit zu einer Verletzung von Rechtsgütern führt.

Ein Zustandsstörer ist für die Beeinträchtigung des betreffenden Zustandes verantwortlich zu machen; er kann für die Beseitigung der durch ihn verursachten Gefahren in Anspruch genommen werden. Wichtig ist, dass der Störer für seine Handlung verantwortlich ist; dann wird auch vom Handlungsstörer gesprochen. Beispiele: Ein Brandstifter oder ein Betrunkener, der die Nachtruhe stört.

Ein Verhaltensstörer verursacht durch sein Verhalten eine Gefahr für die öffentliche Sicherheit und Ordnung. Neben dem Handeln kann auch ein Unterlassen zu einer Verhaltensstörung führen.

15.3 Vergaberecht

Das Vergaberecht schafft die Grundsätze, welche öffentliche Stellen zu beachten haben, wenn sie Güter oder Dienstleistungen beschaffen. Ob eine Bestellung von Druckpapier, die Reinigung von Räumen durch ein externes Unternehmen oder Bauprojekte: öffentliche Auftraggeber müssen das Vergaberecht beachten. Öffentliche Auftraggeber sind insbesondere der Bund, die Länder sowie Städte, Kreise und Gemeinden. Sie müssen ihre Aufträge in der Regel ausschreiben. Ziel des Vergaberechts ist es, dass Steuergelder sparsam verwendet werden und ein fairer Wettbewerb ermöglicht wird.

Mit einer öffentlichen Ausschreibung teilt ein Auftraggeber seine Absicht mit, Waren oder Dienstleistungen beschaffen zu wollen, also einen Auftrag vergeben zu wollen. Gemäß dem Gesetz gegen Wettbewerbsbeschränkungen ist der öffentliche Auftrag ein entgeltliche Vertrag zwischen öffentlichen Auftraggebern und einem Unternehmen zur Beschaffung von Waren oder zum Ausführen einer Bau- oder Dienstleistung. Öffentlich ausgeschrieben werden Bau-, Liefer- und Dienstleitungen.

Hierzu gibt es mehrere gesetzliche Grundlagen.

Auf europäischer Ebene unter anderem entscheidend für das deutsche Vergaberecht ist die "Allgemeine Vergaberechtliche RL 2014/24/EU".

Auf Bundesebene regelt das Gesetz gegen Wettbewerbsbeschränkungen (GWB) im vierten Teil die Vergabe von öffentlichen Aufträgen und Konzessionen. Darauf basiert die Vergabeverordnung (VgV), sowie weitere vergaberechtliche Gesetze, wie die Sektorenverordnung (SektVO) oder die Konzessionsvergabeverordnung (KonzVgV).

Bei der Frage, welche Vorschriften im Vergaberecht in einem konkreten Fall Anwendung finden, spielt der **Auftragswert** die entscheidende Rolle: Liegt der Wert über- oder unterhalb des EU-Schwellenwertes? Handelt es sich um eine Bauleistung, eine Dienstleistung oder Lieferleistung?

Liegt der Auftragswert oberhalb der EU-Schwellenwerte, gilt das EU-Vergaberecht (Kartellvergaberecht) und Aufträge müssen europaweit ausgeschrieben werden (Oberschwellenverfahren).

Liegt der Auftragswert unterhalb der EU-Schwellenwerte, gelten die Regeln des Haushaltsvergaberechts. Auf Grund unterschiedlicher Haushaltsvorschriften können die Regelungsinhalte vom Bund und von Bundesland zu Bundesland unterschiedlich ausfallen.

15.4 Steuerrecht - Einführung

Gemäß § 3 Abs. 1 der Abgabenordnung (AO) sind **Steuern** Geldleistungen, die nicht eine Gegenleistung für eine besondere Leistung darstellen und von einem öffentlichen Gemeinwesen zur Erzielung von Einnahmen allen Personen auferlegt werden, bei denen der Tatbestand zutrifft, an dem das Gesetz die Leistungspflicht knüpft. Steuern sind Geldleistungen, welche einmalig oder laufend erhoben werden.

In Abgrenzung zur Steuer gibt es Gebühren und Beiträge:

Eine **Gebühr** ist eine öffentlich-rechtliche Geldleistung, die aus Anlass individuell zurechenbarer, öffentlicher Leistungen dem Gebührenschuldner einseitig auferlegt wird, beispielsweise Abwassergebühren (werden von einer Kommune erhoben).

Beiträge werden für die Bereitstellung eine Leistung, unabhängig von ihrer tatsächlichen Inanspruchnahme, erhoben; z.B. Straßenausbaubeiträge (werden von einer Kommune erhoben).

Bei einem **Steuersubjekt** (Steuerpflichtiger) handelt sich um eine natürliche oder juristische Person, die gemäß den Steuergesetzen zur Zahlung der Steuer verpflichtet ist.

Ein **Steuerobjekt** (Gegenstand) hingegen ist das Merkmal, an das die jeweilige steuerliche Norm die Steuerpflicht knüpft; beispielsweise ein Vermögensübergang, das Halten eines Hundes oder ein Grundstück.

Die **Bemessungsgrundlage** im Steuerrecht ist die Größe, die das Steuerobjekt quantifiziert (beispielsweise die Höhe des zu versteuernden Einkommens).

Der **Steuersatz** ist die Größe, aus der sich die Steuerschuld in Prozent oder als fester Geldbetrag ergibt.

Bei der **Einkommensteuer** handelt es sich um eine Personensteuer/Ertragssteuer; die Besteuerung erfolgt nach der wirtschaftlichen Leistungsfähigkeit. Daraus ergibt sich ein progressiver Einkommensteuertarif, was bedeutet, dass Personen mit einem höheren Einkommen prozentual mehr Steuern bezahlen als Personen mit einem niedrigeren Einkommen. Das maßgebliche Gesetz, welches Regelungen zur Einkommensteuer enthält, ist das Einkommensteuergesetz (EStG).

Bei der **Gewerbesteuer** handelt es sich um eine ertragsabhängige Steuer, welche Gewerbetreibende an ihre Gemeinde abführen müssen. Die Gewerbesteuer ist also eine ertragsabhängige Besteuerung des Betriebes eines Gewerbetreibenden. Freiberuflich tätige Personen wie Ärzte, freischaffende Künstler oder Rechtsanwälte sind von der Gewerbesteuer ausgenommen. Das hier bestimmende Gesetz ist das Gewerbesteuergesetz (Gewst).

Die Gewerbesteuer errechnet sich über die Kennzahlen Steuermesszahl und Hebesatz, der von der Gemeinde selbst bestimmt werden kann. Die Steuermesszahl beträgt bundesweit seit 2008 3,5 %. Die Gewerbesteuer berechnet sich nach dem Gewinn beziehungsweise Ertrag das Gewerbes. Da die Gemeinde den Hebesatz bestimmt, unterscheidet sich die von Unternehmen zu zahlende Gewerbesteuer je nach Standort innerhalb der BRD.

Beispiel: Die X-GmbH mit Sitz in der Gemeinde A weist für das Jahr 2020 einen Gewerbeertrag von 185.000 EUR aus. Der Hebesatz der Gemeinde A beträgt 250 %.

Die Gewerbesteuer berechnet sich wie folgt: 185.000 x 0,035 x 2,5 = 16.187,50 EUR

Beachte: Der Gewerbeertrag wird stets auf volle 100 Euro abgerundet und ergibt sich, indem vom Unternehmensgewinn Hinzurechnungen oder Kürzungen (z. B. Leasingzahlungen) ab- bzw. hinzugerechnet werden und der Freibetrag von 24.500 EUR abgezogen wird.

Die **Körperschaftssteuer** wird auf das Einkommen juristische Personen erhoben. Hierzu zählen Vereine, Kapitalgesellschaften oder Genossenschaften. Rechtsgrundlage für die Erhebung der KSt ist das Körperschaftsteuergesetz (KStG).

Die Körperschaftssteuer wird vom Bund erhoben und entspricht der Einkommensteuer bei natürlichen Personen. Der Steuersatz beträgt in Deutschland 15%.

Die Körperschaftssteuer errechnet sich aus dem zu versteuernden Einkommen, also dem Gewinn abzüglich von Sonderausgaben und außergewöhnlichen Belastungen. Einen Freibetrag gibt es bei der Körperschaftssteuer nicht. Allerdings gelten Ausnahmen für Vereine sowie landwirtschaftliche Genossenschaften. Der Körperschaftssteuer unterliegen

- Kapitalgesellschaften (AG, KGaA, GmbH)
- Versicherungs- und Pensionsfondsvereine auf Gegenseitigkeit
- Stiftungen, Vereine, Anstalten
- Körperschaften des öffentlichen Rechts, wenn diese gewerblich tätig sind (z. B. Stadtwerke)

Die **Umsatzsteuer** wird auf den Verkauf beziehungsweise den Austausch von Produkten und Dienstleistungen von Unternehmen erhoben. Gemäß §12 des Umsatzsteuergesetzes (UStG) beträgt die Umsatzsteuer 19 %. Für bestimmte Waren und Dienstleistungen (z. B. Bücher, Lebensmittel) gilt der ermäßigte Steuersatz von 7 %.

Der Preis eines Produktes inklusive Umsatzsteuer wird als Bruttopreis bezeichnet, der Preis exklusive Umsatzsteuer als Nettopreis.

Die Umsatzsteuer ist...

- eine Verkehrssteuer beziehungsweise Verbrauchsteuer: Sie besteuert den Austausch von Gütern und Dienstleistungen.
- eine Gemeinschaftssteuer: Sie fließt Bund, Ländern und Gemeinden (Steuerempfänger) in unterschiedlichen Teilen zu.
- eine indirekte Steuer, denn sie wird von Unternehmen (Steuerschuldner) auf die verkauften Waren erhoben und an das Finanzamt abgeführt, die Steuerlast trägt jedoch der Verbraucher (Steuerträger).

15.5 Öffentliches Baurecht - Grundlagen

Das öffentliche Baurecht gliedert sich in das Bauplanungs- sowie Bauordnungsrecht sowie die sonstigen baurechtsrelevanten Vorschriften. Die Baufreiheit eines Bauherrn ergibt sich aus Art. 14 Abs. 1 GG (Eigentumsgarantie) sowie Art. 2 Abs. 1 GG (Allgemeine Handlungsfreiheit).

Bauplanungsrecht

Das Bauplanungsrecht legt die rechtliche Qualität des Bodens und seine Nutzbarkeit fest. Bauplanungsrechtliche Normen regeln die Vorbereitung und Leitung der baulichen und sonstigen Nutzung der Grundstücke. Hierzu werden Pläne erstellt (beispielsweise ein Bebauungsplan für ein neues Wohngebiet). Das Bauplanungsrecht ist flächenbezogen; ein Bauvorhaben steht demnach im Zusammenhang mit seiner Umgebung.

Das Bauleitplanungsrecht ist im ersten und zweiten Teil des ersten Kapitels des Baugesetzbuches geregelt (siehe §§ 1 - 28 BauGB).

Die Baunutzungsverordnung (BauNVO) regelt, welche Darstellungen und Festsetzungen in den Bauleitplänen aufgeführt werden dürfen. Bei der BauNVO handelt es sich um eine Rechtsverordnung.

Überörtliche Planung

Die Raumplanung vollzieht sich in Deutschland auf verschiedenen Planungsebenen (Bund, Land, Region, Kommune, Baugrundstück). Im Mittelpunkt steht die räumliche Gesamtplanung (überörtliche Raumordnung an Land und auf See, kommunale Bauleitplanung) als gebietsbezogene, überfachliche und vorsorgende Planung.

Auf Länderebene werden Raumordnungspläne für das gesamte Landesgebiet, sowie Regionalpläne für Teilregionen aufgestellt. Grundlage hierfür ist das Raumordnungsgesetz sowie landeseigene Planungsgesetze. Auf Kommunaler Ebene werden Flächennutzungspläne (vorbereitende Bauleitpläne) sowie Bebauungspläne (verbindliche Bauleitpläne) erstellt.

Planungshoheit und -pflicht der Gemeinden

Den Gemeinden steht kraft Verfassung das Recht auf kommunale Selbstverwaltung zu (Art. 28 GG). Bereits § 1 des BauGB ist festgelegt, dass die Bauleitpläne von der Gemeinde in eigener Verantwortung aufzustellen sind. Die Gemeinden haben die Pflicht, einen Flächennutzungsplan oder Bebauungsplan aufzustellen, wenn es u. a. die städtische Entwicklung fordert (vgl. § 1 Abs. 3 BauGB).

Der Flächennutzungsplan

Flächennutzungspläne werden von den Gemeinden aufgestellt. Sie beinhalten die sich aus der beabsichtigten städtebaulichen Entwicklung ergebende Art der Bodennutzung für das gesamte Gemeindegebiet in den Grundzügen. Rechtsgrundlage sind die §§ 5 und 6 BauGB. Der Flächennutzungsplan ist ein vorbereitender Bauleitplan. Im Flächennutzungsplan werden Flächen bestimmten Zwecken zugeordnet, z. B. für Verkehr, Landwirtschaft, Grünflächen und Wald. Das Aufstellungsverfahren des Flächennutzungsplanes wird im BauGB geregelt (Stichwort "Bauleitplanverfahren"). Damit ein Flächennutzungsplan aufgestellt werden kann, müssen Bürger, Behörden und Träger öffentlicher Belange angehört werden.

Der Bebauungsplan

Mithilfe von Bebauungsplänen steuern die Gemeinden die städtebauliche Entwicklung im Gemeindegebiet. Ein Bebauungsplan ist eine Satzung, die bestimmt, wie die betreffenden Grundstücke bebaut werden dürfen. Der Bebauungsplan ist als "verbindlicher Bauleitplan" in §§ 8 bis 10, 12 und 30 BauGB festgeschrieben. Ein Bebauungsplan wird aus dem Flächennutzungsplan heraus entwickelt und beschränkt sich auf einen bestimmten Teil des Gemeindegebiets; dabei regelt er, wie die Grundstücke bebaut werden dürfen.

Ein qualifizierter Bebauungsplan liegt dann vor, wenn der Bebauungsplan mindestens Festsetzungen über die Art und das Maß der baulichen Nutzung, die überbaubaren Grundstücksflächen und die örtlichen Verkehrsflächen enthält. Liegt ein Baugrundstück im Geltungsbereich eines qualifizierten Bebauungsplans, ist ein Bauvorhaben bauplanungsrechtlich zulässig, wenn es den Festsetzungen des Bebauungsplans nicht widerspricht und die Erschließung gesichert ist.

Ein vorhabenbezogener Bebauungsplan kann von einer Gemeinde auf der Grundlage eines von einem (privaten-) Vorhabenträger abgestimmten Vorhaben- und Erschließungsplan aufgestellt werden. Voraussetzungen hierfür sind:

- Der Vorhabensträger ist zur Durchführung des Vorhabens einschließlich der Erschließungsarbeiten bereit.
- Der Vorhabensträger verpflichtet sich in einem Durchführungsvertrag zur Durchführung der Maßnahmen

Ein einfacher Bebauungsplan erfüllt die Voraussetzungen eines vorhabenbezogenen bzw. qualifizierten Bebauungsplan nicht; er regelt die bauplanungsrechtliche Zulässigkeit von Bauvorhaben somit nicht abschließend.

15.6 Öffentliches Baurecht - Bestandsschutz

Bestandsschutz bedeutet, dass jede bauliche Anlage vor nachträglichen bauaufsichtlichen Maßnahmen geschützt ist. Wenn sich nachträglich die gesetzlichen Anforderungen an die bauliche Anlage ändern, darf dies nicht zum Nachteil der Hauseigentümer führen.

Bestandsschutz ergibt sich aus dem Grundrecht auf Eigentumsgarantie (Art. 14 Abs. 1 GG). Eigentum wird dadurch gegenüber den staatlichen Behörden geschützt. Damit Bestandsschutz gilt, müssen mehrere Anforderungen gegeben sein:

1. Es muss eine rechtmäßige Baugenehmigung existieren,
2. die bauliche Anlage kann funktionsgerecht benutzt werden und
3. die Anlage muss aktiv benutzt werden.

Bei einer endgültigen Aufgabe der Nutzung des Gebäudes verliert es auch seinen Bestandsschutz. Dabei muss der Hauseigentümer den Bestandsschutz nachweisen. Wir unterscheiden zwischen passiven Bestandsschutz und aktiven Bestandsschutz:

Passiver Bestandsschutz:

Genießt eine bauliche Anlage passiven Bestandsschutz, so wird die bauliche Anlage erhalten. Eine Baubeseitigungsanordnung kann demnach nicht erfolgen. Der passive Bestandsschutz ist auf die bereits vorhandene Substanz begrenzt. Passiver Bestandsschutz kann sich auf zwei Weisen ergeben:

1. Alternative: Die Anlage wurde einst rechtswirksam genehmigt (formell baurechtsmäßig).
2. Alternative: Die Anlage wurde ohne Genehmigung errichtet oder war genehmigungsfrei, entsprach jedoch den materiellen Bauvorschriften (materiell baurechtsmäßig). Wenn das Gebäude mindestens drei Monate steht und den gesetzlichen Bestimmungen entspricht, besteht Bestandsschutz.

Aktiver Bestandsschutz:

Der aktive Bestandsschutz geht über die Sicherheit, die ein passiver Bestandsschutz garantiert, hinaus. Genießt eine Anlage aktiven Bestandsschutz, so kann der Eigentümer aktiv bauliche Maßnahmen ergreifen, zum Beispiel Modernisierungs- oder Sanierungsarbeiten.

HINWEIS: Da die Rechtsprechung den aktiven Bestandsschutz nahezu ausnahmslos ablehnt, sind Fälle des aktiven Bestandsschutzes in Prüfungen weniger häufig, als Fälle des passiven Bestandsschutzes. In der Praxis ist viel häufiger der passive Bestandsschutz von Relevanz.

15.7 Datenschutzrecht für Verwaltungsbehörden

Die Verbindung von Daten, die alleine wenig Rückschlüsse zulassen, ergeben zusammengefügt das Risiko, jeden Lebensbereich einer Person durchleuchten / offenlegen zu können. Dies stellt eine Gefahr für das Grundrecht auf informationelle Selbstbestimmung dar.

Regelungssystematik des einfachgesetzlichen Datenschutzrechts

1. Frage: Wer hat die Daten erhoben (Öffentlicher Bereich oder privates Unternehmen)?
2. Frage: Welche Art der Daten werden erhoben (Existiert ggf. ein Spezialgesetz in diesem Bereich oder findet das Bundesdatenschutzgesetz (BDSG) Anwendung)?

Das BDSG unterscheidet zwischen öffentlichen Stellen und nicht-öffentlichen Stellen (siehe § 1 Abs. 2 sowie § 2 BDSG).

Öffentliche Stellen umfassen den Bund (z. B. Bundesbehörden, Organe der Rechtspflege) sowie die Länder (z. B. Landesbehörden, Organe der Rechtspflege, Gemeinden, Gemeindeverbände, Landkreise, Bezirke).

Das Bundesdatenschutzgesetz (BDSG) gibt in § 1 Abs. 2 Nr. 2 den landesrechtlichen Regelungen den Vorrang. Das BDSG gilt grundsätzlich auch für öffentliche Stellen der Länder, ist allerdings faktisch für öffentliche Stellen der Länder unanwendbar, da in sämtlichen Ländern eigene Landesdatenschutzgesetze bestehen.

HINWEIS: Nicht-öffentliche Stellen sowie private Unternehmen unterliegen ausschließlich dem BDSG (§ 1 Abs. 2 Nr. 3 BDSG).

Das Datenschutzrecht schützt den Einzelnen vor einem unzulässigen Umgang einer öffentlichen oder nicht-öffentlichen Stelle mit seinen **personenbezogenen Daten**.

Der Begriff der personenbezogenen Daten ist in § 3 Abs. 1 BDSG definiert. Dabei handelt es sich um Einzelangaben über persönliche oder sachliche Verhältnisse einer bestimmten oder bestimmbaren natürlichen Person.

Unter personenbezogene Daten fallen Fotos einer Person, Name, Geburtsdatum, Staatsangehörigkeit, Anschrift oder auch Fingerabdrücke. Darüber hinaus fällt auch die Matrikelnummer eines Studenten, ein Klausurergebnis, eine IP- oder E-Mail-Adresse sowie ein Nutzername darunter.

Dahingegen sind die Umsatzzahlen eines Unternehmens (weil juristische Person) oder anonymisierte Daten keine personenbezogenen Daten im Sinne der Datenschutzgesetze.

Die Datenschutzgesetze gelten für die **Erhebung**, **Verarbeitung** sowie **Nutzung** von personenbezogenen Daten.

Beispiele für die **Erhebung**: Mündliche oder schriftliche Befragung, elektronische Kontrollen durch Kameras, Blutproben, Genanalysen, Erfassung von Daten bei der Internetnutzung

Beispiele für die **Verarbeitung**: Speichern, Verändern, Löschen, Sperren, Übermitteln von Daten

15.8 Staatliches Finanzwesen

Das Staatsfinanzwesen ist im Grundgesetz in den Artikeln 104a bis 115 geregelt. Daraus ergeben sich wichtige Grundsätze:

- Der Bund und die Länder tragen gesondert die Ausgaben, die sich aus der Wahrnehmung ihrer Aufgaben ergeben (Art. 104a Abs. 1 GG).

- Handeln die Länder im Auftrage des Bundes, trägt der Bund die sich daraus ergebenden Ausgaben (Art. 104a Abs. 2 GG).

Hinsichtlich der Höhe der Steuersätze hat der Gesetzgeber einen Gestaltungsspielraum, denn das Grundgesetz schreibt nicht konkret vor, in welcher Höhe Geldflüsse oder Werte zu besteuern sind. Jedoch hat der Staat bei der Bestimmung der Höhe von Steuersätze Grundrechte zu berücksichtigen: der Gleichheitssatz (Art. 3) sowie die Eigentumsgarantie (Art. 14) und die allgemeine Handlungsfreiheit (Art. 2 Abs. 2) müssen bei den Steuersätze berücksichtigt werden.

Die sogenannte "Finanzverfassung" (Art. 104a bis Art. 108 GG) regelt, welche staatliche Ebene (z. B. der Bund, ein Land) für die Steuergesetze zuständig ist und welche Ebene welche Art von Steuereinnahme erhält.

Die Artikel 109 bis 115 GG regeln, nach welchen Regeln Bund und Länder ihre Haushalte aufstellen müssen. In diesen Teil des Grundgesetzes fällt das Budgetrecht des Parlaments (Art. 110 GG): Die Bundesregierung darf Steuereinnahmen nur so verwenden, wie es das Parlament in Haushaltsplan bewilligt hat.

Unterscheidung Trennsystem und Gemeinschaftssystem:

Für einige Steuerarten gibt es ein Trennsystem, was bedeutet, dass die Einnahmen aus einer bestimmten Steuerart entweder dem Bund oder dem jeweiligen Land zufließen. Dem Bund stehen beispielsweise die Einnahmen aus der Kraftfahrzeugsteuer zu, während den Ländern die Einnahmen aus der Erbschaftssteuer zufließen.

Für einige Steuerarten gibt es ein Gemeinschaftssystem, was bedeutet, dass die Einnahmen aus einer bestimmten Steuerart sowohl dem Bund als auch den Ländern zufließen. Hierzu zählt die Lohn- und Einkommenssteuer.

16 Rechtseingriffe ordnungsgemäß vorbereiten und durchführen

16.1 Grundlagen des Gefahrenabwehrrechts

Das Recht der Gefahrenabwehr wird durch die Sicherheitsbehörden wahrgenommen. Dabei handelt es sich mit Blick auf die Verwaltung um die Gemeinden, die Landratsämter, die Regierungen, sowie das Innenministerium eines Landes. Normen des Gefahrenabwehrrechts (auch als Sicherheitsrecht bezeichnet) finden sich in zahlreichen Gesetzen:

- Gewerbeordnung
- Gaststättengesetz
- Katastrophenschutzgesetz
- Immissionsschutzgesetz
- Umweltschutzgesetz
- ...

Das Recht der Gefahrenabwehr findet sich neben diesen Spezialgesetzen auch im Polizeirecht wieder. Ziel ist es stets, die öffentliche Sicherheit und Ordnung zu wahren. Die Sicherheitsbehörden üben dabei eine präventive Tätigkeit aus: Schaden von Rechtsgütern sollen verhindert werden; das Handeln dient dem Schutz von Rechtsgütern. Im Gegensatz hierzu gehen Strafverfolgungsbehörden (z. B. Staatsanwaltschaften oder Verwaltung im Bereich des Ordnungswidrigkeitenrechts) einer repressiven Tätigkeit nach: ein Verhalten war rechtswidrig und wird nun geahndet.

Wichtig: **Trennsystem** zwischen der Polizei und den Sicherheitsbehörden (Gemeinden, Landratsämter, etc.)

Es handelt sich jeweils um eigene, voneinander getrennte Behördenzüge mit getrenntem Personal; die Polizei handelt lediglich in Eilfällen.

Im Sicherheitsrecht gilt das Spezialitätsprinzip, wonach das speziellere Gesetz dem allgemeinen Gesetz vor geht. Trifft also ein Spezialgesetz wie das Bundesimmissionsschutzgesetz (BImSchG) eine sicherheitsrechtliche Regelung, so ist diese gegenüber Vorgaben des allgemeinen Sicherheitsrechts voranging.

Das Ziel der Verwaltung bei sicherheitsrechtlichem Handeln ist der Schutz bzw. die Bewahrung der öffentlichen Sicherheit und Ordnung. Zur **öffentlichen Sicherheit** zählen Individualrechtsgüter, der Staat und seine Einrichtungen sowie das geschriebene Recht.

Eine **Gefahr** ist eine Sachlage, die bei ungehindertem Ablauf des objektiv zu erwartenden Geschehens mit hinreichender Wahrscheinlichkeit zu einer Versetzung eines Schutzgutes der öffentlichen Sicherheit und Ordnung führt.

In zahlreichen Fällen im Gefahrenabwehrrecht ist seitens der Verwaltung festzustellen, ob in dem jeweils konkreten Einzelfall eine Gefahr vorliegt. Hierzu ist der o. g. Gefahrenbegriff zu subsumieren.

Da es sich hierbei um einen unbestimmten Rechtsbegriff handelt, sind in jedem Fall die einzelnen Tatbestandsmerkmale zu subsumieren. In der Klausurlösung findet zunächst die Diagnose statt, also eine Schilderung der Sachlage bzw. Analyse der Tatsachen. Anschließend folgt die Prognose (Wahrscheinlichkeitsbeurteilung), also die Abschätzung des zukünftigen Geschehensablaufs.

Weitere Gefahrenbegriffe:

Abstrakte Gefahr = eine gedachte Sachlage, aus der nach allgemeiner Lebenserfahrung konkrete Gefahren entstehen können (z. B. besteht im Sommer in den Wäldern Waldbrandgefahr, wenn dort ein offenes Feuer gemacht wird); die typische Handlungsform einer Verwaltung ist hier die Verordnung.

16.2 Das Ordnungswidrigkeitenverfahren

Bereits zu Beginn enthält das Gesetz über Ordnungswidrigkeiten (OWiG) eine wichtige Definition für den Rechtsanwender bereit: § 1 Absatz 1 OWiG definiert den Begriff der Ordnungswidrigkeit und regelt zugleich die Rechtsfolge, welche eine Ordnungswidrigkeit nach sich zieht, nämlich die Geldbuße.

Ordnungswidrigkeiten-Tatbestände sind im Gesetz über Ordnungswidrigkeiten (OWiG) sowie in sicherheitsrechtlichen Gesetzen zu finden, wie zum Beispiel in der Gewerbeordnung.

Wenn eine Person eine Ordnungswidrigkeit begeht, gibt es je nach Norm gegebenenfalls mehrere Rechtsfolgen. Neben die Hauptfolge kann eine oder mehrere Nebenfolgen treten:

Hauptfolge
= Geldbuße

Nebenfolge
z. B.: Fahrverbot, Entziehung der Fahrerlaubnis

Die wesentlichen Grundsätze im Straf- und Ordnungswidrigkeitenrecht ergeben sich aus dem Grundgesetz, dem OWiG sowie der Strafprozessordnung (StPO) und der Rechtsprechung. Im Folgenden betrachten wir diese Grundsätze:

Artikel 103 Absatz 2 des Grundgesetzes (GG)

"Eine Tat kann nur bestraft werden, wenn die Strafbarkeit gesetzlich bestimmt war, bevor die Tat begangen wurde."

Hieraus ergeben sich mehrere Grundsätze:

1. Gesetzesvorbehalt: Die Ordnungswidrigkeit muss in einem Gesetz aufgeführt sein ("...gesetzlich...").
2. Rückwirkungsverbot: Die rückwirkende Strafbegründung und Strafverschärfung ist verboten ("...bevor...").
3. Bestimmtheitsgrundsatz: Jedermann muss anhand des Wortlauts der Norm erkennen, ob sein Verhalten strafbar ist ("...bestimmt...").

In dubio pro reo

Falls berechtigte Zweifel bestehen, findet eine Wertung zugunsten des Täters statt.

Opportunitätsprinzip

Gemäß § 47 Absatz 1 OWiG steht die Verfolgung der Ordnungswidrigkeit im Ermessen der Behörde – dieser Grundsatz gilt nur im Ordnungswidrigkeitenrecht.

Legalitätsprinzip

= Verpflichtung der Strafverfolgungsbehörden, bei dem Verdacht des Vorliegens einer Straftat von Amts wegen, also auch ohne Strafanzeige, Ermittlungen aufzunehmen.

Unschuldsvermutung

Der Beschuldigte wird während des Straf- oder Ordnungswidrigkeitenverfahrens als unschuldig behandelt. Nicht er muss seine Unschuld beweisen, sondern die Anklagebehörde muss seine Schuld beweisen.

ne bis in idem

= Dieselbe Tat darf nicht mehrfach verfolgt werden.

Grundlagen der Ahndung von Ordnungswidrigkeiten

Damit der Tatbestand einer Norm des Ordnungswidrigkeitengesetzes erfüllt ist, muss sowohl der objektive Tatbestand, als auch der subjektive Tatbestand erfüllt sein.

Objektiver Tatbestand

Damit der objektive Tatbestand einer Norm des OWiG verwirklicht wird, braucht es entweder ein **aktives Tun** oder ein **Unterlassen**. Das Begehen einer Ordnungswidrigkeit durch Unterlassen ist in § 8 OWiG geregelt.

Neben den echten Unterlassungsdelikten, wie der unterlassenen Hilfeleistung (§ 323c StGP) gibt es sog. **unechte Unterlassungsdelikte**, welche im Ordnungswidrigkeitenrecht in § 8 OWiG geregelt sind. Doch wann handelt jemand hierbei schuldhaft? Hierzu müssen wir uns einige Fälle ansehen, in denen derjenige, der ein Unterlassungsdelikt begeht, in einer sog. "Garantenposition" steht. Ein "Garant" (also eine Person) muss dafür sorgen, dass der zu beaufsichtigten Person nichts zustößt. Allerdings kann eine Garantenposition nur in gewissen Situationen vorliegen:

- Garantenposition aus natürlicher Verbundenheit: z. B. Eltern, Kinder, Geschwister
- Garantenposition aus der Übernahme einer Schutzpflicht: z. B. Bademeister, Erzieher, Pflegepersonal
- Garantenposition aus Gefahrengemeinschaften: z. B. Bergtour, Expedition
- Garantenposition aus der Herrschaft über einen Gefahrenbereich: z. B. Baustellen, Kiesgrube, Tiere, vereister Gehweg
- Garantenposition aus der Pflicht zur Beaufsichtigung von Personen: z. B. Pflegepersonal im Bezirksklinikum, Altenheim, Lehrer, Eltern

Subjektiver Tatbestand

Nachdem wir in einem Fall geprüft haben, ob der objektive Tatbestand erfüllt ist, blicken wir auf den subjektiven Tatbestand. Hierbei stellt sich die Frage, ob vorsätzlich oder fahrlässig gehandelt wurde:

- Direkter Vorsatz: Der Täter kennt den für die Tatbestandsverwirklichung relevanten Sachverhalt und er will den tatbestandsmäßigen Erfolg herbeiführen.
- Bedingter Vorsatz: Der Täter nimmt die Tatbestandsverwirklichung billigend in Kauf.
- Fahrlässigkeit: Fahrlässig handelt, wer die im Verkehr erforderliche Sorgfalt außer Acht lässt.
- Grobe Fahrlässigkeit: Grob fahrlässig handelt jemand, wenn er die im Verkehr erforderliche Sorgfalt in besonders hohem Maße verletzt.

16.3 Sofortige Vollziehung und Verwaltungszwang

Ein Bescheid einer Behörde enthält einen oder mehrere Verwaltungsakte (VA), mit denen die Behörde einen Einzelfall regelt: die Erteilung einer Genehmigung, der Ausspruch eines Unterlassens oder die Aufforderung, einer bestimmten Handlung nachzukommen, können durch einen VA geschehen. Ordnet eine Behörde neben dem VA im Bescheid auch die sofortige Vollziehung des VA an, so wirkt sich dies auf das mögliche Rechtsmittel (Klage oder Antrag) aus.

Beispiel: Nachdem der Schäferhundrüde "Oskar" von Herr Michael Adam, wohnhaft in der Stadt Burgheim, bereits mehrfach Personen anfiel und Herr Adam nichts unternahm, um künftige Unfälle zu verhindern, sieht sich die Stadtverwaltung zum Handeln gezwungen und erlässt einen Bescheid, der hier auszugsweise abgedruckt ist:

Die Stadt Burgheim erlässt folgenden

Bescheid:

1. Herrn Michael Adam wird ab Zugang dieses Bescheids auferlegt, seinen Schäferhund "Oskar" außerhalb befestigter Grundstücke ausschließlich an einem schlupfsicheren Halsband sowie mit Maulkorb zu führen.
2. Die sofortige Vollziehung der Ziffer 1 dieses Bescheides wird angeordnet.
3. Falls Herr Michael Adam der sich aus Ziffer 1 dieses Bescheids ergebenden Verpflichtung nicht nachkommt, wird ein Zwangsgeld in Höhe von 1.000,– EUR zur Zahlung fällig.
4. ...

In diesem Bescheid ordnet die Behörde in Ziffer 1 unter anderem einen Maulkorbzwang für den Hund "Oskar" an. Dabei handelt es sich um einen VA. Da von Oskar eine Gefahr für andere Personen ausgeht, ordnet die Verwaltung in Ziffer 2 dieses Bescheids die sofortige Vollziehung an; dies wirkt sich auf ein mögliches Rechtsmittel (Klage oder Antrag) des Herrn Adam aus.

Herr Adam kann gegen diesen Bescheid eine Klage bei dem zuständigen Verwaltungsgericht einlegen. Grundsätzlich hat eine Klage gemäß § 80 Abs. 1 Satz 1 der Verwaltungsgerichtsordnung (VwGO) gegenüber einem VA eine aufschiebende Wirkung. Dies bedeutet, dass die den Bescheid erlassende Behörde diesen solange nicht vollziehen kann, solange das Gericht über das Rechtsmittel nicht entschieden hat. In Fällen, in denen keine sofortige Vollziehung angeordnet wird, braucht der Betroffene also keine Vollziehung durch die Behörde befürchten – er kann abwarten, bis das Gericht die Entscheidung der Verwaltung überprüft hat.

Sobald jedoch ein VA sofort vollziehbar ist, entfällt die aufschiebende Wirkung des Rechtsmittels und § 80 Abs. 1 Satz 1 VwGO findet keine Anwendung. Eine Verwaltung darf jedoch nur in gesetzlich vorgeschriebenen Fällen die sofortige Vollziehung anordnen, welche in § 80 Abs. 2 Nr. 1 bis 4 VwGO aufgeführt sind:

- In § 80 Abs. 2 Nr. 1 bis 3 VwGO sind die Fälle aufgeführt, in denen das Gesetz die sofortige Vollziehbarkeit von Verwaltungsakten festlegt
- § 80 Abs. 2 Nr. 4 VwGO gibt der Verwaltungsbehörde die Möglichkeit, in Fällen, in denen die sofortige Vollziehung im öffentlichen Interesse oder im überwiegenden Interesse eines Beteiligten steht, besonders anzuordnen – wie im obigen Beispiel

Verwaltungszwang

Der Verwaltungszwang ist eine Form der Verwaltungsvollstreckung. Verwaltungszwang beschreibt die zwangsweise Durchsetzung eines VA. Egal ob der VA vom Bürger eine Handlung, eine Unterlassung oder eine Duldung verlangt, die Behörde kann den VA mittels Zwangsmittel durchsetzen. § 9 des Verwaltungsverfahrensgesetzes (VwVfG) zeigt mehrere zulässige Zwangsmittel:

- Zwangsgeld
- Ersatzvornahme gemäß § 10 VwVfG
- unmittelbarer Zwang

Ein Zwangsmittel dient dazu, das Ziel des VA zu erreichen, wenn der Betroffene jegliche Mithilfe zur Schaffung rechtmäßiger Zustände verweigert. Die Zwangsmittel des § 9 VwVfG stehen allerdings nicht nebeneinander: zunächst sind das Zwangsgeld bzw. die Ersatzvornahme anzuordnen. Erst wenn diese Maßnahmen keine Wirkung zeigen, kann die Behörde den unmittelbaren Zwang anordnen.

Diese Maßnahmen des Verwaltungszwangs sind gemäß dem Verwaltungsvollstreckungsgesetz gestattet, wenn:

- der zu vollstreckende Verwaltungsakt vollstreckbar ist (dies ist der Fall, wenn der zugrundeliegende VA unanfechtbar wurde oder es sich um einen sofort vollziehbaren VA handelt).
- die Vollstreckung notwendig ist (es darf kein milderes Mittel vorliegen, welchen denselben Zweck gleichsam erfüllt).
- die Vollstreckung angekündigt wurde (die Einsetzung eines Zwangsmittels muss konkret angedroht worden sein).
- Verhältnismäßigkeit vorliegt (Prüfung der Verhältnismäßigkeit: Rechte des Betroffenen gegenüber den Interessen der Allgemeinheit).

16.4 Rechtmäßigkeit des Verwaltungsakts

Ein typischer Prüfungsfall ist die Überprüfung eines Verwaltungsaktes (VA) auf Rechtmäßigkeit. In der Prüfung wird dem Prüfling ein Fall geschildert, in dem die Behörde einen Bescheid erlassen hat. Aufgabe ist es nun, die darin enthaltenen VA auf Rechtmäßigkeit zu überprüfen. Die Überprüfungskonstellation im Amtsverfahren ist in zwei Bereiche untergliedert: die Prüfung der **formellen** Rechtmäßigkeit sowie die Prüfung der **materiellen** Rechtmäßigkeit.

Der Einstieg in die Prüfung ist dabei stets die **Rechtsgrundlage**, welche die Behörde zum Handeln berechtigt.

1. Prüfung der formellen Rechtmäßigkeit

1.1 Zuständigkeit

- Sachliche Zuständigkeit: ergibt sich aus dem Spezialgesetz, z. B. Baugesetzbuch (BauGB) oder Gewerbeordnung (GewO)
- Örtliche Zuständigkeit: ergibt sich aus § 3 Verwaltungsverfahrensgesetz (VwVfG) oder bei Kommunen aus der Gemeindeordnung

1.2 Ordnungsgemäß durchgeführtes Verwaltungsverfahren

- Anhörung (§ 28 VwVfG)

1.3 Form

- § 37 VwVfG

1.4 Begründung

- § 39 VwVfG

2. Prüfung der materiellen Rechtmäßigkeit

Hierbei geht es darum, festzustellen, ob der VA mit geltendem Recht übereinstimmt.

2.1 Rechtsgrundlage bzw. Befugnisnorm

- Ist der Tatbestand der Befugnisnorm erfüllt
- Vom Gesetzgeber vorgesehene Rechtsfolge bei **gebundener Entscheidung** oder

- Prüfung auf ermessensfehlerfreie Entscheidung bei **Ermessen** (§ 40 VwVfG)
  - Hier wird geprüft, ob die Behörde Ermessensfehler (Ermessensnichtgebrauch, -fehlgebrauch, -überschreitung) begangen hat bzw. die Behörde ihr Ermessen erkannt und rechtmäßig entschieden hat.
    * Entschließungsermessen oder
    * Auswahlermessen
      · Wenn mehrere Adressaten zur Auswahl stehen: Adressatenauswahl
      · Wenn mehrere Mittel zur Auswahl stehen: Mittelauswahl
      · Verhältnismäßigkeit:
      Ist die Maßnahme **möglich**?
      Ist die Maßnahme **geeignet**?
      Ist die Maßnahme **erforderlich**?
      Ist die Maßnahme **angemessen**?

16.5 Erlass von Bescheiden

Ein Bescheid weist in der Regel mindestens einen Verwaltungsakt (VA) auf. Der Aufbau jedes Bescheids gliedert sich in Tenor, Gründe sowie Rechtsbehelfsbelehrung.

Übersicht zum Aufbau des Bescheids:

1. Eingang
2. Tenor (Entscheidungssatz)
3. Gründe (I. Sachverhalt, II. Rechtliche Gründe)
4. Rechtsbehelfsbelehrung
5. Unterschrift

Ein Bescheid kann **einfach** (§ 41 Abs. 2 VwVfG) oder **förmlich** (§ 41 Abs. 5 VwVfG) bekannt gegeben werden. Es ist auch eine öffentliche Bekanntgabe (§ 41 Abs. 3 und 4 VwVfG) möglich.

Drei-Tages-Fiktion bei Bekanntgabe: Ein schriftlicher VA, der im Inland durch die Post übermittelt wird, gilt am dritten Tag nach Aufgabe zur Post als bekannt gegeben. Zugang und Zeitpunkt des Zugangs muss die Behörde im Zweifel nachweisen.

Die **Zustellung** von Bescheiden richtet sich im Bundesrecht nach dem Verwaltungszustellungsgesetz (VwZG). Einzelne Bundesländer haben hierbei spezielle landesrechtliche Vorschriften erlassen, z. B. das Bayerische Verwaltungszustellungs- und Vollstreckungsgesetz (VwZVG). Einzelne Rechtsnormen können die Verwaltung zur Zustellung von Bescheiden verpflichten, wie § 1 Abs. 2 VwZG.

Die Adressaten eines Bescheids unterscheiden sich in Bekanntgabe- bzw. Zustellungsadressat sowie Regelungs- bzw. Inhaltsadressat:

Bekanntgabe- bzw. Zustellungsadressat

= derjenige, an den der VA bekannt gegeben werden muss oder kann, auch Bevollmächtigte (z. B. Anwalt)

Regelungs- bzw. Inhaltsadressat

= derjenige, für den der VA seinem Inhalt nach bestimmt ist, d. h. die Person, gegenüber der die Behörde eine Regelung trifft

Oftmals richtet sich der Bescheid an den Antragsteller bzw. Antragsgegner.

Der **Tenor** enthält die verbindlichen Regelungen eines Einzelfalles durch eine Behörde auf dem Gebiet des öffentlichen Rechts mit Wirkung nach außen, also einen oder mehrere VA (§ 35 VwVfG).

Zu beachten ist bei der Tenorierung:

- Unmissverständliche Angabe des Adressaten
- Die Formulierung sollte klar verständlich, vollständig, eindeutig und prägnant sein.
- Regelungen entsprechend und in den Grenzen der gesetzlichen Vorgaben

Nicht in den Tenor gehören:

- Rechtliche Begründungen, Erläuterungen
- Ratschläge, Empfehlungen
- Äußerungen zu tatsächlichen Ereignissen

Neben dem Haupt-VA kann ein Tenor auch eine oder mehrere Nebenbestimmungen enthalten:

- Befristung: Wirkung des VA wird auf einen bestimmten Zeitraum beschränkt (Beispiel: Erteilung einer Schankerlaubnis für ein Vereinjubiläum vom 01.07. bis 03.07.)
- Aufschiebende Bedingung: Wirkung des VA wird bis zum Eintritt des zukünftigen ungewissen Ereignisses aufgeschoben (Beispiel: Haltungserlaubnis für eine Giftschlange unter der Voraussetzung, dass das Terrarium entsprechend gesichert ist)
- Auflösende Bedingung: Wegfall der Wirkung des VA hängt von dem zukünftig eintretenden ungewissen Ereignis ab.
- Vorbehalt des Widerrufs: Ermöglicht der Behörde den späteren Widerruf ohne Entstehen eines Entschädigungsanspruchs.
- Auflage: Dem Adressat wird ein zusätzliches Tun, Unterlassen oder Dulden vorgeschrieben.

16.6 Rücknahme und Widerruf eines Verwaltungsaktes

Eine Behörde hat die (verwaltungsinterne) Möglichkeit, einen VA aufzuheben. Hierfür bietet das VwVfG zwei Möglichkeiten:

Rücknahme

bei rechtswidrigen VA (§ 48 VwVfG)

Widerruf

bei grundsätzlich rechtmäßigen VA (§ 49 VwVfG)

Die **Rücknahme** eines VA ist nur bei einem **anfänglich rechtswidrigen VA** vorgesehen.

Bei der Entscheidung über einen Widerruf oder eine Rücknahme eines VA hat die Verwaltung eine Abwägungsentscheidung zu treffen. Gemäß des Prinzips der Gesetzmäßigkeit der Verwaltung (Art. 20 Abs. 3 GG) sind Behörden angehalten, gesetzmäßig zu handeln, was auch nach Bescheiderlass bzw. Eintritt der Unanfechtbarkeit gilt. Die Entscheidungen von Behörden müssen also geltendem Recht entsprechen. Zum anderen darf der Bürger auf die Geltung wirksam gewordener Verwaltungsakte vertrauen. Wer einen Bescheid erhält, darf darauf vertrauen, dass dieser rechtmäßig ist und die darin enthaltenen Bestimmungen ordnungsgemäß sind.

Bedingungen für Rücknahme/Widerruf:

- Der VA darf nicht nichtig sein, siehe § 44 Abs. 1, 2 und 4 VwVfG.
- Die Unanfechtbarkeit ist unerheblich.
- Die Aufhebung eines VA (also die Rücknahme bzw. der Widerruf) stellt einen neuen, selbständigen VA dar.
- Grundvoraussetzung für die Rücknahme ist ein zum Zeitpunkt des Erlasses rechtswidriger VA.
- Grundvoraussetzung für den Widerruf ist ein zum Zeitpunkt des Erlasses rechtmäßiger VA.

Die Rücknahme eines VA

Bevor ein VA zurückgenommen wird, ist dessen Rechtswidrigkeit festzustellen. Ein VA kann sowohl aufgrund eines formellen- als auch aufgrund eines materiellen Fehlers zurückgenommen werden.

Soll ein VA zurückgenommen werden, ist zunächst zu prüfen, ob es sich um einen begünstigenden oder belastenden VA handelt. Falls ein begünstigender VA vorliegt, so darf dieser lediglich unter den Voraussetzungen des § 48 Absätze 2 bis 4 zurückgenommen werden. Bei der Einordnung eines VA als belastend oder begünstigend ist stets auf den **unmittelbaren Adressaten** und nicht auf einen möglicherweise betroffenen Dritten abzustellen. Enthält ein VA sowohl begünstigende, als auch belastende Elemente, so ist dieser insgesamt als begünstigend anzusehen.

Bei ihrer Entscheidung über die Rücknahme eines VA steht der Verwaltung Ermessen (§ 40 VwVfG) zu. Der Grundsatz der Gesetzmäßigkeit der Verwaltung (Art. 20 Abs. 3 GG) spricht grundsätzlich für die Aufhebung rechtswidriger Entscheidungen. Dieser Grundsatz ist mit dem Grundsatz auf Rechtssicherheit des Betroffenen abzuwägen. Zurückgenommen werden können bestandskräftige, aber auch noch nicht bestandskräftige Verwaltungsakte. Ein VA kann vollständig, oder nur zu einem gewissen Teil zurückgenommen werden. Die Rücknahme gilt mit Wirkung für die Zukunft oder für die Vergangenheit:

- Rücknahme mit Wirkung für die Zukunft: ab Wirksamkeit des Rücknahmebescheids
- Rücknahme mit Wirkung für die Vergangenheit: wirkt frühestens ab Eintritt der Wirksamkeit des zurückgenommenen Bescheids

Bei der Rücknahme eines VA handelt die Behörde in aller Regel von Amtswegen; ein "Antrag" ist nicht nötig.

Der Widerruf eines VA

Ein belastender VA, der zum Zeitpunkt seines Erlasses rechtmäßig war, kann ganz oder teilweise nur mit Wirkung für die Zukunft im pflichtgemäßen Ermessen der Behörde widerrufen werden (§ 49 Abs. 1 VwVfG). Ein Widerruf kommt vor allem dann in Betracht, wenn sich die Sach- oder Rechtslage nach Erlass des Ausgangsbescheids geändert hat und der VA nun deshalb nicht mehr erlassen werden dürfte. Der Widerruf steht grundsätzlich im Ermessen der Behörde. Das Ermessen kann sich allerdings auf null reduzieren, wenn ein VA zu einer Grundrechtseinschränkung führt und aufgrund geänderter Sach- oder Rechtslage nicht mehr erlassen werden dürfte.

Tenorierung bei Aufhebung von Bescheiden

Bei Rücknahme:

1. Der Bescheid der Stadt ... vom ... Nr. ... wird zurückgenommen.

Bei Widerruf:

1. Der Bescheid der Stadt ... vom ... Nr. ... wird widerrufen

16.7 Widerspruchs- und Klageverfahren

Ein Widerspruchsverfahren wird durchgeführt, wenn sich der Adressat eines Bescheides gegen diesen wehren möchte bzw. wenn ein Bürger einen Bescheid anfechten möchte. Das Widerspruchsverfahren ist unter anderem im Verwaltungsrecht möglich, dabei handelt es sich um das verwaltungsrechtliche Vorverfahren im Sinne der §§ 68 ff. der Verwaltungsgerichtsordnung (VwGO).

Die Widerspruchsfrist beträgt einen Monat ab Eingang des VA bei dem Adressaten. Falls der VA erlassen wurde, ohne den Adressaten über diese Frist in Kenntnis zu setzen, so gilt eine Frist von einem Jahr. Ein Widerspruch muss zudem formal ordnungsgemäß erhoben werden. Erforderlich ist dabei die Schriftform: Ein Schreiben per Brief oder Fax mit persönlicher Unterschrift erfüllt diese Anforderung.

Wenn ein Widerspruch erhoben wird, so ist dieser an die Ausstellungsbehörde zu richten, welche ihre Entscheidung noch einmal gründlich überprüfen muss. Ein Widerspruch hat aufschiebende Wirkung (§ 80 Abs. 1 VwGO); wird ein solcher erhoben, ist mit weiteren Maßnahmen bis zur Entscheidung über den Widerspruch abzuwarten. Dies gilt nicht bei den in § 80 Abs. 2 VwGO geregelten Fällen, in denen die aufschiebende Wirkung entfällt. Kommt die Behörde zu dem Entschluss, dass sie nicht rechtmäßig entschied, so kann sie ihren Bescheid aufheben oder in abändern.

Falls die Behörde dem Widerspruch jedoch nicht abhelfen kann, so ist dieser an die Widerspruchsbehörde vorzulegen. Bei der Widerspruchsbehörde handelt es sich im Regelfall um die Aufsichtsbehörde der Ausstellungsbehörde. Bei den Landratsämtern ist dies in vielen Fällen die zuständige Bezirksregierung.

Kommt die Widerspruchsbehörde zu dem Schluss, dass die Ausgangsbehörde rechtswidrig gehandelt hat, so hilft sie dem Widerspruch ab und erlässt einen sog. Abhilfebescheid. Falls die Widerspruchsbehörde das Handeln der Ausgangsbehörde für rechtmäßig anerkennt, erlässt sie einen Widerspruchsbescheid. Dem Adressat steht nun der Weg zum zuständigen Verwaltungsgericht offen (zum gerichtlichen Prüfen des Widerspruchs- und Ausgangsbescheids).

Klageverfahren

Falls sich der Adressat eines Bescheids gerichtlich gegen die behördliche Maßnahme zur Wehr setzen möchte, steht ihm der Weg an das zuständige Verwaltungsgericht offen. Ein Bürger kann ein Rechtsmittel (Klage oder Antrag) gegen eine Behördenentscheidung erheben und damit die gerichtliche Überprüfung des VA herbeiführen. Wie auch der Widerspruch entfaltet die Anfechtungsklage grundsätzlich eine aufschiebende Wirkung (§ 80 Abs. 1 VwGO); bis zur Entscheidung des Verwaltungsgerichts darf die Behörde keine weiteren Schritte einleiten. Bitte beachte auch hier die Sonderfälle gemäß § 80 Abs. 2 VwGO, bei denen die aufschiebende Wirkung entfällt.

Gemäß § 80 Abs. 5 VwGO kann das zuständige Verwaltungsgericht auf Antrag die aufschiebende Wirkung in den Fällen des § 80 Abs. 2 VwGO ganz oder teilweise anordnen. Hierfür ist bei dem Verwaltungsgericht ein entsprechender Antrag zu stellen. Dieser Antrag wird als vorläufiger Rechtsschutz bezeichnet (alt. Eilantrag) und dient dem Grundrecht auf effektiven Rechtsschutz (Art. 19 Abs. 4 GG). Ein solcher Antrag auf Eilrechtsschutz kann auch schon vor Erhebung der Anfechtungsklage bei Gericht eingereicht werden.

Zudem ermöglicht § 123 VwGO dem Betroffenen, auch schon vor Erhebung einer Anfechtungsklage einen Eilantrag bei Gericht zu stellen, um eine einstweilige Anordnung des Gerichts zu erwirken. Dies jedoch unter der Voraussetzung, wenn die Gefahr besteht, dass durch eine Veränderung des bestehenden Zustands die Verwirklichung eines Rechts des Antragstellers vereitelt oder wesentlich erschwert werden könnte.

- **Anfechtungsklage**: § 42 Abs. 1 Alternative 1 VwGO (Ziel: Aufhebung eines belastenden, noch nicht erledigten VA) Beispiel: Klage gegen den Entzug des Führerscheins
- **Verpflichtungsklage**: § 42 Abs. 1 Alternative 2, 3 VwGO (Ziel: Verpflichtung des Beklagten zum Erlass eines begünstigenden VA)
    - wenn die Behörde einen Antrag abgelehnt hat => **Versagungsgegenklage** (Ziel: Antrag soll bewilligt werden) Beispiel: Bauantrag wurde abgelehnt
    - wenn die Behörde ein Handeln unterlassen hat => **Untätigkeitsklage** (Ziel: Behörde soll eine Maßnahme erlassen) Beispiel: Behörde versäumt es, ein stark einsturzgefährdetes Gebäude auf öffentlichem Grund abzusichern, auf dem regelmäßig Kinder spielen.

- **Fortsetzungsfeststellungsklage**: § 113 Abs. 1 Satz 4 VwGO (Ziel: Feststellung der Rechtswidrigkeit eines bereits erledigten VA) Beispiel: Versammlung wurde versagt und die Behörde sprach befristete Ordnungsverfügungen aus.

16.8 Der öffentlich-rechtliche Vertrag

Die gesetzliche Grundlage für den öffentlich-rechtlichen Vertrag findet sich in §54 Satz 1 VwVfG. Demnach ist ein öffentlich-rechtlicher Vertrag ein Vertrag, durch den ein Rechtsverhältnis auf dem Gebiet des öffentlichen Rechts begründet, geändert oder aufgehoben wird. Wenn die in einem Vertrag geregelten Rechte und Pflichten auf einen Sachverhalt Bezug nehmen, der durch das öffentliche Recht geregelt ist, so handelt es sich um einen öffentlich-rechtlichen Vertrag.

Damit ein Vertrag als öffentlich-rechtlich angesehen wird, genügt es, wenn eine Vertragspflicht als öffentlich-rechtlich einzustufen ist. Eventuelle Streitigkeiten aus diesem Vertrag sind sodann vor den Verwaltungsgerichten zu verhandeln.

Wichtig ist die Unterscheidung zwischen dem VA und dem öffentlich-rechtlichen Vertrag: Bei dem ö.-r. Vertrag handelt es sich um eine zweiseitige und einvernehmliche Handlungsform zwischen der Verwaltung und einem Bürger, während ein VA eine einseitige Handlung einer Behörde darstellt.

Auch für öffentlich-rechtliche Verträge gilt der Grundsatz der Gesetzmäßigkeit der Verwaltung. Ein ö.-r. Vertrag darf nicht gegen höherrangiges Recht verstoßen.

16.9 Video: Rücknahme eines Verwaltungsaktes

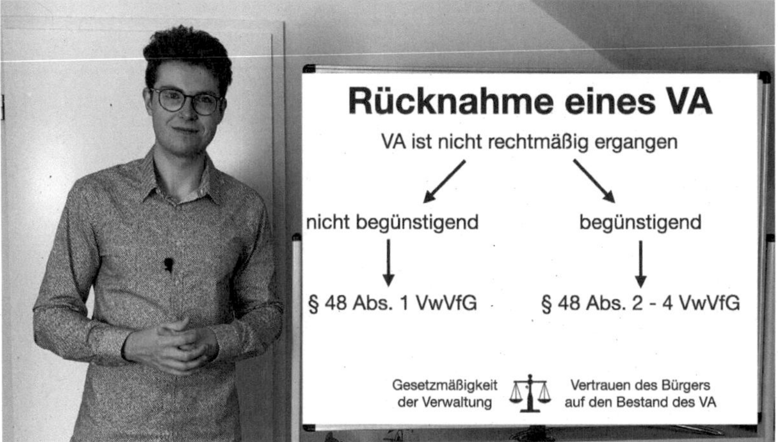

Scanne den QR Code, um zum Video zu gelangen:

16.10 Video: Widerruf eines Verwaltungsaktes

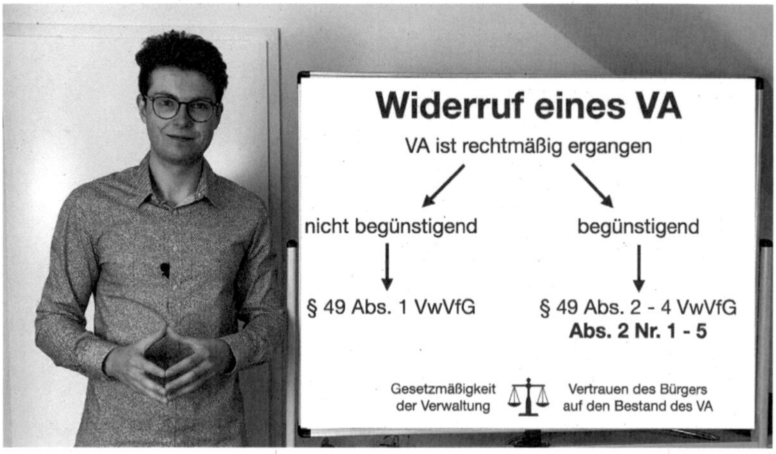

Scanne den QR Code, um zum Video zu gelangen:

16.11 Video: Der vorläufige Rechtsschutz

Scanne den QR Code, um zum Video zu gelangen:

16.12 Video: Förmliche Rechtsbehelfe

Scanne den QR Code, um zum Video zu gelangen:

16.13 Video: Formlose Rechtsbehelfe

Scanne den QR Code, um zum Video zu gelangen:

16.14 Video: Klagearten

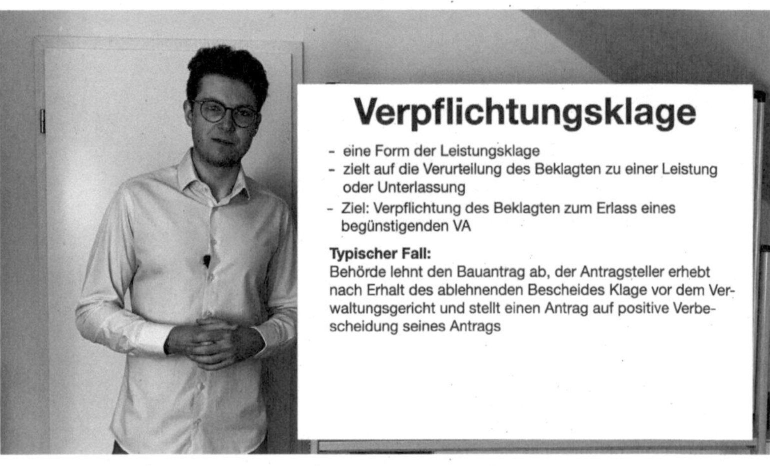

Scanne den QR Code, um zum Video zu gelangen:

17 Aufbau der gewährenden Verwaltung

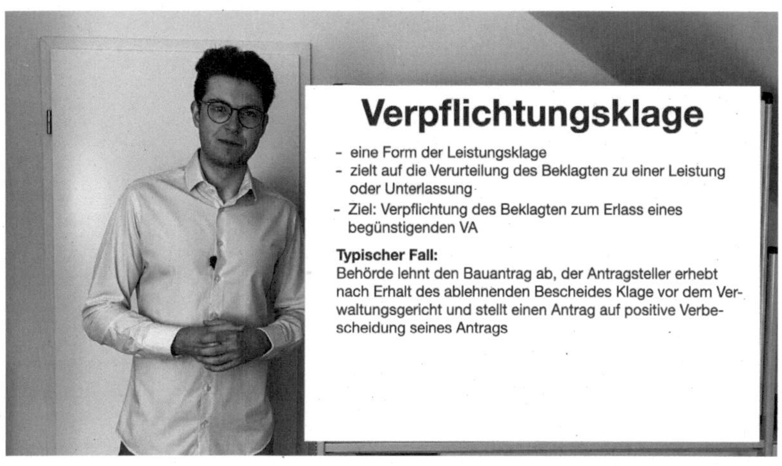

Scanne den QR Code, um zum Video zu gelangen:

17.1 Struktur des Sozialrechts | Sozialstaatsprinzip

Der Sozialstaat als ein Prinzip ist bereits im Grundgesetz an zwei Stellen geregelt: Gemäß Artikel 20 Absatz 1 GG ist die Bundesrepublik Deutschland ein **demokratischer und sozialer Bundesstaat**. Gemäß Artikel 28 Absatz 1 Satz 1 GG muss die verfassungsmäßige Ordnung in den Ländern den Grundsätzen des **sozialen Rechtsstaates** entsprechen.

Bei dem Sozialstaatsprinzip handelt es sich um eine sog. Staatszielbestimmung. Alleine aus diesem Prinzip können Bürger keinen Anspruch geltend machen. Allerdings ist der Staat dazu verpflichtet, auf die sich aus dieser Bestimmung ergebenden Ziele (z. B. Soziale Gerechtigkeit) hinzuwirken. Als Gesetzgeber hat er die entsprechenden Normen zu erlassen und Gesetze zu verfassen, die den Zielen dieses Grundsatzes dienen. Damit einher geht auch die Bindung der Verwaltung, welche Bescheide im Bereich des Sozialhilferechts erlässt. Zuständig sind hierfür die Landratsämter sowie die kreisfreien Städte.

Die Elemente des Sozialstaatsprinzips:

- Soziale Sicherheit: Der Staat muss jedem Bürger eine kulturelle und wirtschaftliche Existenz ermöglichen (Schutz bei Invalidität, Alter, Arbeitslosigkeit; Sicherung des Existenzminimums).
- Soziale Gerechtigkeit: Der Staat schafft eine Rechtsordnung, die den Schutz des Schwächeren im Rechtsverkehr anstrebt (Arbeitsrecht, Mietrecht, Verbraucherschutzrechte).

Das System der sozialen Sicherheit basiert auf drei Säulen:

Soziale Vorsorge-Systeme

Beispiel: Recht der Sozialversicherung -> Arbeitslosenversicherung, Krankenversicherung, Rentenversicherung, Pflegeversicherung, Unfallversicherung

Sie zielen darauf ab, einen Kreis von prinzipiell beitragspflichtigen Personen gegen typische soziale Risiken zu sichern.

Soziale Entschädigungssysteme

Beispiel: Recht der Kriesopferversorgung, Wiedergutmachungsrecht nationalsozialistischen Unrechts

Sie dienen der Sicherung gegen schädigende Ereignisse, gegen die eine Vorsorge nicht möglich ist.

Soziale Hilfs- und Förderungssysteme

Beispiel: Recht der Ausbildungs- und Berufsförderung, Wohngeld, Kindergeld, Grundsicherung für Arbeitssuchende (SGB II), Kinder- und Jugendhilfe (SGB VIII)

Sozialer Ausgleich durch Hilfe und Förderung garantiert jedem Mensch eine soziale Existenz und gleicht die sozialen Entfaltungsmöglichkeiten an.

Aufbau des Sozialgesetzbuches (SGB)

Buch I: Allgemeiner Teil

Buch II: Grundsicherung für Arbeitsuchende

Buch III: Arbeitsförderung

Buch IV: Gemeinsame Vorschriften für die Sozialversicherung

Buch V: Gesetzliche Krankenversicherung

Buch VI: Gesetzliche Rentenversicherung

Buch VII: Gesetzliche Unfallversicherung

Buch VIII: Kinder- und Jugendhilfe

Buch IX: Rehabilitation und Teilhabe behinderter Menschen

Buch X: Sozialverwaltungsverfahren und Sozialdatenschutz

Buch XI: Soziale Pflegeversicherung

Buch XII: Sozialhilfe

17.2 Sozialhilferecht (Hilfe in besonderen Lebenslagen)

Allgemeine Grundsätze:

- Nachrang der Hilfe in besonderen Lebenslagen (§ 2 Abs. 1 SGB XII)
- Individualisierung (Hilfeleistung nach der Besonderheit des Einzelfalls, § 9 SGB XII)
- Vorrang der offenen Hilfe (§ 13 Abs. 1 Satz 2 SGB XII)
- Rechtsanspruch (§ 17 SGB XII)
- Amtsprinzip (§ 18 SGB XII)

Merke: Die Verwaltungsbehörde ist nach dem Untersuchungsgrundsatz (§ 20 SGB X) zur Ermittlung des gesamten Umfangs der Notlage verpflichtet (Gesamtfallgrundsatz).

Die **Sozialhilfe** ist gegenüber der sog. "Selbsthilfe" **nachrangig**. Unter Selbsthilfe verstehen wir den Einsatz von Arbeitskraft, des Einkommens oder des Vermögens einer Person (§ 27 SGB XII).

Die Sozialhilfe ist gegenüber der Hilfe von anderer Seite ebenfalls nachrangig. Die Hilfe von anderer Seite betrifft alle anderen Sozialleistungen, sowie die Hilfe von unterhaltspflichtigen Personen und eventuelle Ansprüche aus Verträgen oder Schadensersatz.

Prüft eine Verwaltung, ob der betroffenen Person Sozialhilfe gewährt werden kann, so hat die Behörde einige Punkte zu beachten, bevor die Sozialhilfe berechnet bzw. ausbezahlt wird:

- Kann die Person durch den Einsatz ihrer Arbeitskraft ein Erwerbseinkommen erzielen?
- Kann die Person durch den Einsatz ihres Vermögens ihren Lebensunterhalt bestreiten?
- Stehen der Person andere Sozialleistungen zu?
- Hat die Person relevante Ansprüche aus Verträgen?
- Hat die Person Ansprüche aus Schadensersatz?

Die Sozialhilfe ist gegenüber diesen Leistungen nachrangig, d. h. zuerst muss die Person z. B. ihre Ansprüche aus Verträgen (Zahlungen) zur Bestreitung ihres Lebensunterhaltes einsetzen oder sie muss ihr Vermögen einsetzen, bevor ihr Sozialhilfe gewährt werden kann.

Falls die Voraussetzungen vorliegen, besteht ein Anspruch auf Sozialhilfe. Zu unterscheiden sind drei Arten von Leistung innerhalb des Sozialhilferechts:

"Ist"-Leistungen

Auf Sozialhilfe besteht ein Anspruch, soweit das SGB XII bestimmt, dass die Hilfe zu gewähren ist (§ 17 Abs. 1 Satz 1 SGB XII)

Anspruch dem Grunde nach auf die Leistung (vgl. § 17 Abs. 2 SGB XII)

"Soll"-Leistungen

Je nach Situation kann es sein, dass der Verwaltung ein eingeschränktes oder gebundenes Ermessen zusteht; dann handelt es sich um eine Ermessensleistung (siehe Nr. 17.03 Abs. 1 der Sozialhilferichtlinien (SHR)). Wenn allerdings kein Ausnahmefall vorliegt, hat die Behörde wie bei einer "Ist"-Leistung zu verfahren.

Kein Anspruch auf die Leistung

"Kann"-Leistungen

Über "Kann"-Leistungen entscheidet der Sozialhilfeträger nach seinem Ermessen. Die Behörde hat ihre Entscheidung stets zu begründen: § 35 Abs. 1 Satz 3 SGB X

Der Betroffene hat gegenüber der Behörde einen Anspruch auf pflichtgemäße Ausübung des Ermessens (§ 39 Abs. 1 SGB I)

Kein Anspruch auf die Leistung

Bei der Gewährung von Sozialhilfe handelt die Verwaltung gemäß des Amtsprinzips (§ 18 Abs. 1 SGB XII). Das Sozialhilfeverfahren ist kein Antragsverfahren; es kann auch ohne Vorliegen eines Antrags geführt werden.

Die Sozialhilfe setzt mit dem Tag des Bekanntwerdens der Notlage bei der jeweiligen Behörde ein. In der Praxis wird hier ein Antragsformular genutzt, um die erforderlichen Daten zu erheben und das Bekanntwerden der Notlage zu dokumentieren.

Die Leistungen der Hilfe in besonderen Lebenslagen werden nicht rückwirkend gewährt, da sie der Abwendung einer gegenwärtigen Notlage dienen. Es werden durch die Sozialhilfe keine Schulden übernommen.

17.3 Sozialrechtliches Verwaltungsverfahren

Das Sozialrechtliche Verwaltungsverfahren ist auf den Erlass eines Verwaltungsaktes (VA) gerichtet (§ 8 SGB X):

1. Entscheidungsvorbereitung

- Informationsgewinnung durch Sachverhaltsermittlung
  - Aufklärung und Beratung der Betroffenen (§§ 13, 14 SGB I)
  - Heranziehung von Beweismitteln (§ 21 SGB X)
  - Mitwirkung des Betroffenen (§§ 60 f. SGB I)

2. Informationsbewertung

- Diagnose
- Beweiswürdigung
- Subsumtion

3. Entscheidungsfindung

- Gesetzesvorbehalt (§ 31 SGB I)
- Untersuchungsgrundsatz (§ 20 SGB X)
- Anhörung des Betroffenen vor der Entscheidung (§ 24 SGB X)

4. Entscheidungsvollzug

- Auszahlung von Sozialleistungen (§ 17 SGB I)

Den Verfahrensbeginn regelt § 18 SGB X. Demnach entscheidet die Behörde nach pflichtgemäßem Ermessen, wann und ob sie ein Verwaltungsverfahren durchführt. Dies gilt nicht, wenn die Behörde von Amts wegen oder aufgrund Antrags tätig werden muss oder nur auf Antrag tätig werden darf und ein Antrag nicht vorliegt.

Die Behörde hat von Amts wegen zu ermitteln und bestimmt Art und Umfang der Ermittlungen; Anträge dürfen nicht zurückgewiesen werden (§ 20 SGB X). Dabei hat die Behörde sämtliche relevante Informationen direkt vom Antragsteller selbst einzuholen. Die Daten können auch von dritter Stelle eingeholt werden, falls der Antragsteller diese nicht vorbringen kann.

Die Definition eines VA im Sozialrecht ist mit dem § 35 Satz 1 VwVfG gleich. Zu unterscheiden ist ein begünstigender (bewilligende Sozialleistungen) und ein belastender (Rechtseingriff, Ablehnung einer Sozialleistung) VA.

Die Zuständigkeit ergibt sich aus § 12 SGB I sowie jeweils der Absatz 2 der §§ 18 - 29 SGB I in Verbindung mit § 2 SGB X.

Bevor ein VA erlassen wird, ist die betroffene Person anzuhören (§ 24 SGB X).

Der VA ist grundsätzlich formfrei, soweit keine Form vorgeschrieben ist (§§ 9, 33 Abs. 2 SGB X).

Wie auch jeder VA im klassischen Verwaltungsrecht ist auch der VA im Sozialrecht zu begründen (§ 35 SGB X).

18 Öffentliche Leistungen erbringen und steuern

18.1 Differenzierung zwischen öffentlichen und privaten Institutionen

Einzelne Personen handeln für den Staat (z.B. Polizisten). Sie handeln hier in Ausübung ihres Amtes nicht als private Person, sondern handeln **hoheitlich** (**obrigkeitlich**). Der Beamte handelt hierbei im Rahmen der vorgegebenen Vorschriften (hier unter anderem Polizeiaufgabengesetz; PAG). Dies bedeutet auch, dass der beispielhafte Beamte nicht nur Pflichten erfüllt, sondern auch gewisse Rechte in Anspruch nehmen darf, wenn die Situation dies erfordert (bsp.: Anwendung von Zwang).

Da man das sogenannte „Faustrecht“ in einem Rechtsstaat nicht zulassen kann, liegt das **Gewaltmonopol** beim Staat. Im Klartext bedeutet dies, dass Gewalt grundsätzlich nur vom Staat angewendet werden darf. Möchte ein Bürger sein Recht durchsetzen, hat er sich an die entsprechenden Stellen zu wenden (z. B. Arbeitsgericht).

Ausnahme: Verteidigt sich Person A gegenüber Person B in Notwehr, handelt A trotzdem nicht hoheitlich, sondern gemäß den sogenannten „Jedermannsrechten“. Keiner von beiden hat hierbei mehr Rechte als der andere. Dies gilt gleichermaßen für Mitarbeiter eines Sicherheitsdienstes (Handelsgrundlage -> Hausrecht).

Die Aufgabenverteilung der Polizei ist Ländersache. Das bedeutet, dass jedes Bundesland einzeln für die Polizeigesetze zuständig ist und ihre eigenen Schwerpunkte setzt. Das ausführende Sicherheitsorgan „Polizei“ nimmt die **Wahrung der Sicherheit und Ordnung** lediglich in **öffentlichen Bereichen** wahr. Im privaten Bereich wird die Polizei nur tätig, wenn ein Vorfall für die Öffentlichkeit relevant ist (Straftat).

Private Sicherheitsdienste decken folglich also **nicht öffentliche Bereiche** (private Bereiche) ab und sorgen dort für die Aufrechterhaltung der Sicherheit und Ordnung.

Ergebnis: Die Kompetenzbereiche der privaten als auch öffentlichen Sicherheit überschneiden sich grundsätzlich nicht. Beide haben ihre speziellen Rechte und Pflichten sowie Einsatzbereiche. Grundsätzlich bedeutet hier allerdings, dass Überschneidungen möglich sind (siehe Polizei im privaten Bereich).

18.2 Ziele gemeinwirtschaftlicher Unternehmen

Die gemeinwirtschaftlichen bzw. öffentlichen Unternehmen arbeiten nach dem Bedarfsdeckungsprinzip: Hauptziel ist die bestmögliche Abdeckung des Bedarfs der Bevölkerung (Beispiel: Wasserwerke, Verkehrsbetriebe, Müllbeseitigung). Da bei bestimmten Gütern bzw. Dienstleistungen kaum Gewinnerwartungen bestehen, haben private Anbieter kein Interesse an Investitionen. Andererseits möchte man gewisse Bereiche nicht dem rein privatwirtschaftlichen Gewinnstreben überlassen, da darin zum Beispiel ein starkes öffentliches Interesse besteht.

Ziele gemeinwirtschaftlicher Unternehmen sind etwa:

- **Bedarfsdeckung**: Die Unternehmen in diesem Bereich stellen sicher, dass die Bevölkerung mit wichtigen Gütern bzw. Dienstleistungen versorgt wird, z. B. Gaswerke, Wasserwerke.
- **Verlustminimierung**: Unternehmen können ihre Leistungen nicht zu einem kostendeckenden Preis anbieten. Die Verluste werden aus öffentlicher Hand beglichen, z. B. Theater, Museen.
- **Kostendeckung**: Kosten der betrieblichen Tätigkeit sollen durch den Gegenwert der Leistung gedeckt werden; ein Gewinn wird nicht erwirtschaftet, z. B. Müllbeseitigung.
- **Angemessener Gewinn**: Ein angemessener Gewinn wird angestrebt, z. B. öffentliche Energieversorgungsunternehmen (deren Gewinn häufig zum Verlustausgleich bei den örtlichen Verkehrsbetrieben verwendet wird).

19 Staatliches Handeln im gesamtwirtschaftlichen Zusammenhang

19.1 Soziale Marktwirtschaft

Seit Mitte des 20. Jahrhunderts orientiert sich die deutsche Wirtschaftspolitik am Konzept der Sozialen Marktwirtschaft. Diese geht auf Ludwig Erhard, den ersten Bundeswirtschaftsminister der BRD, zurück.

Ziel der Sozialen Marktwirtschaft ist es, die Freiheit aller Anbieter und Nachfrager am Markt zu schützen (freie Märkte) und gleichzeitig für sozialen Ausgleich zu sorgen (sozialer Aspekt).

Freier Markt

Märkte sorgen in der Sozialen Marktwirtschaft über den Preismechanismus für den Ausgleich von Angebot und Nachfrage: Sind besonders begehrte Güter knapp, steigt deren Preis. Dies drängt die Nachfrage zurück und bietet zugleich Gewinnoptionen für zusätzliche Anbieter.

In einer Marktwirtschaft versuchen die Anbieter, ihre Produkte so kostengünstig wie möglich zu produzieren, wodurch es zu einer effizienten Verwendung von Produktionsmitteln und günstigeren Preisen für den Verbraucher kommt. Dafür ist es wichtig, dass ein Wettbewerb mit offenem Marktzugang herrscht. Übermäßige Marktmacht einzelner Wirtschaftsteilnehmer soll dadurch verhindert werden, da immer wieder neue Anbieter in einen Markt eintreten können. Dieser Marktmechanismus erhöht die Konsummöglichkeiten, motiviert die Anbieter zu Innovationen und technischem Fortschritt und verteilt den Gewinn an die unterschiedlichen Marktteilnehmer. Die Aufgabe des Staates ist es, den Rahmen für einen funktionierenden Wettbewerb zu schaffen und zu erhalten. Zugleich fördert der Staat die Fähigkeit der Menschen zu eigenverantwortlichem Handeln.

Sozialer Ausgleich

In der Sozialen Marktwirtschaft sorgt der Staat für einen sozialen Ausgleich. Menschen, die aufgrund von Alter, Krankheit oder Arbeitslosigkeit kein Einkommen erzielen können, erhalten Leistungen als soziale Absicherung. Soziale Teilhabe sowie eine Angleichung der Chancen gehören ebenso wie gute Wettbewerbsbedingungen und ein gutes Investitionsklima zur Sozialen Marktwirtschaft.

Die Soziale Marktwirtschaft wurde nie namentlich als Wirtschaftssystem im Grundgesetz verankert. Allerdings bereiten einige rechtliche Normen den Weg hin zur Sozialen Marktwirtschaft. Hierzu zählen:

- Grundrechte
- Vertrags- und Koalitionsfreiheit
- Recht auf freie Berufs- und Arbeitsplatzwahl

19.2 Wirtschaftskreislauf und Wirtschaftspolitik

Der **Wirtschaftskreislauf** stellt volkswirtschaftliche Tauschvorgänge in Form eines Kreislaufschemas dar. Beim einfachen Wirtschaftskreislauf geht man davon aus, dass es in der betrachteten Volkswirtschaft zwei Wertkreisläufe gibt: einen Geld- sowie einen Güterkreislauf. Die Wirtschaftssubjekte sind zum einen die privaten Haushalte, zu anderen die Unternehmen. Eingriffe des Staates in das Wirtschaftsleben und Außenhandelsbeziehungen von Unternehmen bleiben beim einfachen Wirtschaftskreislauf außen vor.

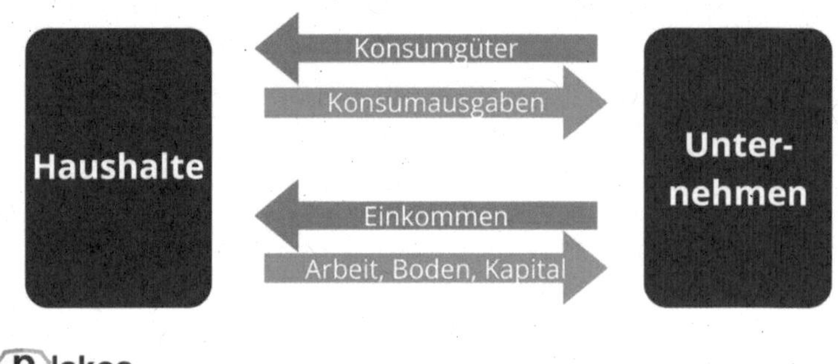

Anhand des Kreislaufschemas wird deutlich, wie sich durch das Agieren von Unternehmen und Haushalten der Wirtschaftskreislauf schließt: Die privaten Haushalte bieten den Unternehmen ihre Arbeitskraft, sowie die Faktoren Boden und Kapital an. Die Unternehmen nutzen diese Faktoren und produzieren mithilfe der eingesetzten Arbeitskraft sowie den weiteren Faktoren Güter, welche sie den Haushalten zum Kauf anbieten. Die Haushalte kaufen diese Güter und bezahlen die Unternehmen mit dem Geld, welche sie von den Unternehmen zuvor im Sinne von Lohn bzw. Einkommen erhalten haben.

Wie bereits im Thema "Soziale Marktwirtschaft" deutlich wird, nimmt der Staat Einfluss auf das Wirtschaftsleben, indem er das Wirtschaftsleben steuert und ordnet (= Wirtschaftspolitik). Die Soziale Marktwirtschaft als Wirtschaftsordnung ist in Deutschland die Grundlage für die Wirtschaftspolitik. Ein bedeutendes Ziel der Wirtschaftspolitik ist es, dass der Wohlstand wächst. Die Vollbeschäftigung wird angestrebt und die Löhne der Arbeitnehmer sollen ausreichend hoch sein, um ausreichend konsumieren zu können. Ein weiteres Ziel der Wirtschaftspolitik ist das Vermeiden von Konflikten wirtschaftlicher Art mit anderen Ländern.

Bei der Frage, wie groß der Einfluss des Staates auf das Wirtschaftsleben eines Landes ist, spielt die so genannte **Staatsquote** eine wichtige Rolle (man spricht auch von der "Staatsausgabenquote"). Die Staatsquote ist das Verhältnis zwischen dem Geld, das der Staat zur Erfüllung seiner Aufgaben ausgibt und dem, was seine Bürger erwirtschaften (Bruttoinlandsprodukt).

19.3 Einflussnahme des Staates auf das Wirtschaftsleben

Ökonomie verstehen: Wirtschafts- und Sozialkunde in der öffentlichen Verwaltung

Im Rahmen der Prüfung gibt es auch den Abschnitt "Wirtschafts- und Sozialkunde". Im wirtschaftlichen Teil der Ausbildung für Berufe in der Verwaltung geht es auch darum, den Auszubildenden und Anwärtern die grundsätzlichen Funktionsweisen der Wirtschaft näherzubringen.

Die soziale Marktwirtschaft – staatliche Einflussnahme bei sozialen Belangen

Die Verknüpfung von Wirtschaftskunde mit Sozialkunde erfolgt, weil in Deutschland die sogenannte soziale Marktwirtschaft praktiziert wird. Dies bedeutet, dass die ökonomischen Belange grundsätzlich dem freien Markt überlassen werden. Gesetzliche Regelungen und Beschränkungen erfolgen lediglich dort, wo soziale Belange dies zwingend notwendig machen.

Sichtbares Zeichen dieser Wirtschaftspolitik sind die verschiedenen Sozialversicherungen. Diese sind:

- Krankenversicherung
- Rentenversicherung
- Arbeitslosenversicherung
- Unfallversicherung
- Pflegeversicherung

Unabhängig davon, ob Arbeitnehmerinnen und Arbeitnehmer krank, arbeitslos, berufsunfähig oder pflegebedürftig werden, sind sie über dieses System umfassend sozial abgesichert. Gleiches gilt für die Altersvorsorge, im Wege der Rentenversicherung. Die entsprechenden Beiträge werden direkt vor Auszahlung von dem Arbeitslohn abgeführt und durch den Arbeitgeber aufgestockt.

Die Konjunkturpolitik in Deutschland und Europa – staatliche Einflussnahme bei der Geldpolitik

Die wirtschaftliche Konjunktur bildet einen weiteren wichtigen Baustein im Bereich Wirtschaftspolitik. Hier ist vor allem die Geldpolitik der Europäischen Zentralbank sowie der ihr nachgeordneten Bundesbank zu nennen.

Ziel der Währungshüter ist es, sowohl einer zu hohen Inflation als auch einer Deflation des Euros entgegenzuwirken. Idealerweise sollte die Inflationsrate bei um die zwei Prozent liegen. Dies lässt eine moderate Steigerung der Löhne zu, die von einem ebenfalls moderaten Anstieg der Preise begleitet wird. Eine zu hohe Inflation ist dagegen von starken Steigerungen der Preise gekennzeichnet. Umgekehrt führt eine Deflation häufig zu einer Drosselung der wirtschaftlichen Dynamik.

Ihren Einfluss auf die Inflationsrate übt die Europäische Zentralbank über die Festsetzung der Leitzinsen aus. Diese bestimmen, zu welchen Konditionen Geld geliehen bzw. in festverzinslicher Form angelegt werden kann.

Im Hinblick auf die Geldpolitik der Zentralbanken kommen häufig auch aktuelle Bezüge im wirtschaftlichen Teil der Prüfung zum Tragen, wenn es etwa um die ökonomischen Auswirkungen einer lang anhaltenden Tiefzinsphase geht.

Während im Bereich der sozialen Marktwirtschaft vor allem die Grundzüge erarbeitet werden müssen, kommt es im Rahmen der Konjunkturpolitik bei der Prüfung auch vielfach auf aktuelle wirtschaftliche Fragen an. Dies gilt es beim Lernen für die Abschlussprüfung zu berücksichtigen.

Allgemeine Grundlagen der Wirtschafts- und Arbeitswelt

Neben konkreten Fragen zu den verschiedenen Sozialversicherungen oder zur Geldpolitik geht es in der Prüfung auch um viele andere ökonomische und rechtliche Fragen. Dies betrifft etwa verfassungsmäßige Rechte, wie die Freiheit der Berufswahl und Berufsausübung oder auch Fragen der Geschäftsfähigkeit von minderjährigen Auszubildenden. Weiterhin spielen Grundzüge des Arbeitsschutzes und viele andere Bereiche rund um den Arbeitsplatz eine Rolle. Auch in diesen Feldern solltest du für die Prüfung gut vorbereitet sein.